電気・電子系 教科書シリーズ 7

# ディジタル制御

博士(工学) 青木　立
博士(工学) 西堀　俊幸
共著

コロナ社

## 電気・電子系 教科書シリーズ編集委員会

| | | |
|---|---|---|
| **編集委員長** | 高橋　　寛 | （日本大学名誉教授・工学博士） |
| **幹　　事** | 湯田　幸八 | （東京工業高等専門学校名誉教授） |
| **編集委員** | 江間　　敏 | （沼津工業高等専門学校） |
| （五十音順） | 竹下　鉄夫 | （豊田工業高等専門学校・工学博士） |
| | 多田　泰芳 | （群馬工業高等専門学校名誉教授・博士(工学)） |
| | 中澤　達夫 | （長野工業高等専門学校・工学博士） |
| | 西山　明彦 | （東京都立工業高等専門学校名誉教授・工学博士） |

（2006年11月現在）

# 刊行のことば

　電気・電子・情報などの分野における技術の進歩の速さは，ここで改めて取り上げるまでもありません。極端な言い方をすれば，昨日まで研究・開発の途上にあったものが，今日は製品として市場に登場して広く使われるようになり，明日はそれが陳腐なものとして忘れ去られるというような状態です。このように目まぐるしく変化している社会に対して，そこで十分に活躍できるような卒業生を送り出さなければならない私たち教員にとって，在学中にどのようなことをどの程度まで理解させ，身に付けさせておくかは重要な問題です。

　現在，各大学・高専・短大などでは，それぞれに工夫された独自のカリキュラムがあり，これに従って教育が行われています。このとき，一般には教科書が使われていますが，それぞれの科目を担当する教員が独自に教科書を選んだ場合には，科目相互間の連絡が必ずしも十分ではないために，貴重な時間に一部重複した内容が講義されたり，逆に必要な事項が漏れてしまったりすることも考えられます。このようなことを防いで効率的な教育を行うための一助として，広い視野に立って妥当と思われる教育内容を組織的に分割・配列して作られた教科書のシリーズを世に問うことは，出版社としての大切な仕事の一つであると思います。

　この「電気・電子系 教科書シリーズ」も，以上のような考え方のもとに企画・編集されましたが，当然のことながら広大な電気・電子系の全分野を網羅するには至っていません。特に，全体として強電系統のものが少なくなっていますが，これはどこの大学・高専等でもそうであるように，カリキュラムの中で関連科目の占める割合が極端に少なくなっていることと，科目担当者すなわち執筆者が得にくくなっていることを反映しているものであり，これらの点については刊行後に諸先生方のご意見，ご提案をいただき，必要と思われる項目

については，追加を検討するつもりでいます。

　このシリーズの執筆者は，高専の先生方を中心としています。しかし，非常に初歩的なところから入って高度な技術を理解できるまでに教育することについて，長い経験を積まれた著者による，示唆に富む記述は，多様な学生を受け入れている現在の大学教育の現場にとっても有用な指針となり得るものと確信して，「電気・電子系　教科書シリーズ」として刊行することにいたしました。

　これからの新しい時代の教科書として，高専はもとより，大学・短大においても，広くご活用いただけることを願っています。

1999年4月

編集委員長　高　橋　　　寛

# まえがき

　本書は，MATLAB/Simulink を利用し，数学的な厳密さよりも「わかりやすい言葉」と「わかりやすい図表」を用いて，マイクロコンピュータによるディジタルフィードバック制御について解説したテキストである。一般にディジタル制御に関するテキストは，古典的なアナログフィードバック制御理論をすでに学習したものとみなして書かれた本が多く，きわめて理論的になり，難解である。本書では，可能なかぎりアナログ制御理論に触れずにディジタル制御理論について記述した。また，ディジタル制御の初歩的な応用では不要となる理論を削除した。このため，初めて制御理論について学ぶ人でも容易にディジタル制御の概要を「使える制御」として理解できるように配慮した。

　本書は，ディジタル制御の入門書として，電気・電子系に限らず，機械系や情報系の学生にも適当であると考える。

　なお，本書の脱稿を辛抱強く待たれた本シリーズ編集委員会およびコロナ社の関係各位に厚く御礼申しあげる。

2005 年 9 月

青木　　立<br>西堀　俊幸

---

MATLAB は The MathWorks, Inc. の米国およびその他の国における登録商標または商標です。

その他，記載された会社名，商品名，製品名は一般に登録商標，商標または商品名です。本文中では，TM，©，®マークは省略しています。

# 目　　次

## *1.*　　ディジタル制御とコンピュータ

*1.1*　　制御の始まり ················································································· 1
　*1.1.1*　操作と制御 ················································································ 1
　*1.1.2*　制御動作を考える ········································································ 2
　*1.1.3*　制御ブロック線図の読み方と書き方 ················································ 4
　*1.1.4*　制御ブロック線図の変換 ······························································ 6
　*1.1.5*　自動制御の発達 ·········································································· 9
*1.2*　　シーケンス制御と信号処理制御 ························································ 10
　*1.2.1*　シーケンスとは ········································································· 10
　*1.2.2*　シーケンス制御回路とディジタル回路 ··········································· 11
　*1.2.3*　プログラマブルコントローラ ······················································ 12
　*1.2.4*　信号処理制御とは ······································································ 13
*1.3*　　ディジタル制御装置の構成 ······························································ 14
　*1.3.1*　信号処理制御による制御装置 ······················································ 14
　*1.3.2*　A–D, D–A 変換器 ···································································· 15
　*1.3.3*　サンプル＆ホールド回路 ···························································· 17
*1.4*　　コンピュータによる自動制御装置の実現 ·········································· 19
　*1.4.1*　フィードバック ········································································· 19
　*1.4.2*　フィードバック制御の分類 ························································· 20
演 習 問 題 ······························································································· 23

## 2. MATLAB/Simulink の概要

- 2.1 MATLAB/Simulink とは･････････････････････････････････････ 24
  - 2.1.1 スカラ演算 ････････････････････････････････････････････ 25
  - 2.1.2 ベクトル演算 ･･････････････････････････････････････････ 26
  - 2.1.3 行 列 演 算 ････････････････････････････････････････････ 27
  - 2.1.4 関 数 演 算 ････････････････････････････････････････････ 29
  - 2.1.5 多項式演算 ････････････････････････････････････････････ 30
  - 2.1.6 演算結果のグラフ化と保存 ････････････････････････････････ 31
  - 2.1.7 M–ファイルを用いたユーザー関数の定義 ･････････････････････ 33
- 2.2 Simulink の基本操作 ･･･････････････････････････････････････ 34
  - 2.2.1 ブロックの種類･･････････････････････････････････････････ 34
  - 2.2.2 ブロック線図の作成方法 ･･････････････････････････････････ 36
  - 2.2.3 変数を用いたブロックの定義 ･･･････････････････････････････ 37
  - 2.2.4 シミュレーションの実行 ･･････････････････････････････････ 38
  - 2.2.5 シミュレーションの結果の保存 ･････････････････････････････ 38
  - 2.2.6 Simulink によるブロック線図の例 ･･･････････････････････････ 38

## 3. ディジタル制御の基礎

- 3.1 アナログ信号とディジタル信号 ･････････････････････････････････ 40
- 3.2 エリアシングとサンプリング定理 ･･･････････････････････････････ 41
  - 3.2.1 アナログ信号のサンプリング ･･･････････････････････････････ 41
  - 3.2.2 サンプリングすることによる情報劣化 ････････････････････････ 42
  - 3.2.3 サンプリング定理････････････････････････････････････････ 44
  - 3.2.4 周波数スペクトルとエリアシング ････････････････････････････ 44
- 3.3 信号の量子化と誤差 ････････････････････････････････････････ 46
  - 3.3.1 サンプリング信号の量子化 ････････････････････････････････ 46

3.3.2 量子化誤差 ································· 47
3.4 離散時間系と制御 ································· 48
　3.4.1 離散時間システム ································· 48
　3.4.2 パルス伝達関数 ································· 49
3.5 離散時間システムの基本要素 ································· 50
3.6 $z$ 変 換 ································· 51
　3.6.1 $z$ 変換の有効性 ································· 51
　3.6.2 時間領域と周波数領域 ································· 52
　3.6.3 $z$ 変換による表現 ································· 53
　3.6.4 $z$ 変換と逆 $z$ 変換 ································· 55
　3.6.5 インパルス応答とコンボリューション ································· 56
　3.6.6 $z$ 変換の性質 ································· 59
3.7 $z$ 変換と離散時間システムの応答 ································· 62
　3.7.1 べき級数展開法 ································· 63
　3.7.2 部分分数展開法 ································· 63
3.8 差分方程式と $z$ 変換 ································· 66

演 習 問 題 ································· 72

## 4. 離散時間システムの特性

4.1 離散時間システムの応答 ································· 74
　4.1.1 離散時間系における伝達関数 ································· 74
　4.1.2 伝達関数の極と零点 ································· 74
　4.1.3 一次系の特性 ································· 75
　4.1.4 サンプリング周期 $T$ の選定 ································· 79
　4.1.5 二次系の特性 ································· 79
　4.1.6 離散時間系における微積分演算 ································· 84
4.2 離散時間システムの安定性 ································· 85
　4.2.1 離散時間システムの安定条件 ································· 85

|   |   |   |
|---|---|---|
| | 4.2.2 | 関数 roots を用いる方法 ······················································ *86* |
| | 4.2.3 | Jury の方法 ································································ *87* |
| | 4.2.4 | 双一次変換を用いたラウスフルビッツの方法 ······························ *89* |

演習問題 ···················································································· *91*

# 5. 伝達関数に基づいたディジタル制御系の設計

5.1 連続時間系における伝達関数 ···························································· *92*
   5.1.1 微分方程式によるシステムの記述 ············································ *92*
   5.1.2 ラプラス変換 ········································································ *92*
   5.1.3 連続時間系における伝達関数の導出 ············································ *93*
5.2 制御対象の離散化 ················································································ *94*
5.3 制御系に要求される仕様 ···································································· *96*
   5.3.1 定常特性 ················································································ *96*
   5.3.2 過渡特性 ················································································ *98*
5.4 制御系の設計 ···················································································· *99*
   5.4.1 ボード線図に基づいた制御系の安定判別 ······································ *99*
   5.4.2 根軌跡法 ················································································ *99*
   5.4.3 連続時間系における位相進み補償 ············································ *101*
   5.4.4 $w$ 変換の特徴 ········································································ *110*
   5.4.5 $w$ 変換に基づいた位相進み補償 ················································ *111*
   5.4.6 位相遅れ補償 ········································································ *116*
   5.4.7 位相進み遅れ補償 ································································ *122*
   5.4.8 PID 制御 ············································································ *126*

演習問題 ·················································································· *131*

# 6. 状態方程式に基づいたディジタル制御系の設計

6.1 現代制御理論の導入 ········································································ *132*

6.1.1　古典制御理論から現代制御理論へ・・・・・・・・・・・・・・・・・・・・・・・・ 132
　6.1.2　現代制御理論を利用した制御設計の特徴・・・・・・・・・・・・・・・ 133
6.2　状態空間法・・・・・・・・・・・・・・・・・・・・・・・・・・・・・・・・・・・・・・・・・・・・・・ 135
　6.2.1　制御対象のモデル化・・・・・・・・・・・・・・・・・・・・・・・・・・・・・・・・ 135
　6.2.2　状態方程式の応答・・・・・・・・・・・・・・・・・・・・・・・・・・・・・・・・・・ 139
6.3　状態方程式と離散時間システムのパルス伝達関数・・・・・・・ 140
　6.3.1　伝達関数への変換・・・・・・・・・・・・・・・・・・・・・・・・・・・・・・・・・・ 140
　6.3.2　実現問題・・・・・・・・・・・・・・・・・・・・・・・・・・・・・・・・・・・・・・・・・・・ 143
6.4　状態方程式と安定性・・・・・・・・・・・・・・・・・・・・・・・・・・・・・・・・・・・・ 145
　6.4.1　可制御性・・・・・・・・・・・・・・・・・・・・・・・・・・・・・・・・・・・・・・・・・・・ 145
　6.4.2　可観測性・・・・・・・・・・・・・・・・・・・・・・・・・・・・・・・・・・・・・・・・・・・ 146
　6.4.3　システムの安定性・・・・・・・・・・・・・・・・・・・・・・・・・・・・・・・・・・ 148
　6.4.4　リアプノフの安定理論・・・・・・・・・・・・・・・・・・・・・・・・・・・・・・ 149
6.5　状態フィードバックによる極配置・・・・・・・・・・・・・・・・・・・・・・・ 151
　6.5.1　レギュレータによる制御・・・・・・・・・・・・・・・・・・・・・・・・・・・・ 151
　6.5.2　最適レギュレータによる制御・・・・・・・・・・・・・・・・・・・・・・・ 154
　6.5.3　オブザーバを用いた制御・・・・・・・・・・・・・・・・・・・・・・・・・・・・ 156
　6.5.4　カルマンフィルタを用いた制御・・・・・・・・・・・・・・・・・・・・・ 164
演習問題・・・・・・・・・・・・・・・・・・・・・・・・・・・・・・・・・・・・・・・・・・・・・・・・・・・・・・・ 170

# 7.　コントローラの実装

7.1　制御アルゴリズムの実装・・・・・・・・・・・・・・・・・・・・・・・・・・・・・・・・ 171
7.2　コントローラの差分方程式への変換・・・・・・・・・・・・・・・・・・・・ 172
　7.2.1　伝達関数の変換・・・・・・・・・・・・・・・・・・・・・・・・・・・・・・・・・・・・・ 172
　7.2.2　ダイレクト構造・・・・・・・・・・・・・・・・・・・・・・・・・・・・・・・・・・・・・ 172
　7.2.3　直列構造・・・・・・・・・・・・・・・・・・・・・・・・・・・・・・・・・・・・・・・・・・・ 175
　7.2.4　並列構造・・・・・・・・・・・・・・・・・・・・・・・・・・・・・・・・・・・・・・・・・・・ 176
　7.2.5　状態方程式構造・・・・・・・・・・・・・・・・・・・・・・・・・・・・・・・・・・・・・ 177
7.3　マイクロコンピュータへの実装・・・・・・・・・・・・・・・・・・・・・・・・・ 177

7.3.1　一次系の実装 ………………………………………… 177
  7.3.2　二次系の実装 ………………………………………… 178
  7.3.3　固定小数点演算による実装 ………………………… 179
演 習 問 題 ……………………………………………………………… 179

# 引用・参考文献 …………………………………………… 181

# 演習問題解答 ……………………………………………… 184

# 索　　　引 ………………………………………………… 187

# 1

# ディジタル制御とコンピュータ

## 1.1 制御の始まり

### 1.1.1 操作と制御

人は道具を作り，それを使ったり，火を操ったりすることによって，他の動物より優位な立場に立ち，進化してきた．また，農耕作業を覚えてからは集団生活を営むようになり，さらに複雑な機械を作り上げ，急速に文明を築き上げてきた．

物や道具を目的に添って操ることを**操作**（operation）という．人が道具を使い始めてから，道具を可能なかぎり正確に操作したいという願望が生まれ始めた．その後，機械が発明されると自動化が発展し，機械による操作，すなわち，**制御**（control）という用語が生まれた．図 **1.1** に示すようなロボットは，まさにディジタル制御技術の集大成といえよう．

制御と類似する意味に**調節**（regulate）という用語も使われるが，本書では，制御の中に含まれる操作を調節と呼ぶことにする．制御とは，機械や物，回路信号など，ある変量（**制御量**（controlled variable））を，あらかじめ設定した値（**目標値**（reference value））に正確に一致させるために必要な修正動作（**操作量**（manipulated variable））を行わせる一連の操作機能をいう．制御という用語が使われるので，機械による制御を改めて**自動制御**（automatic control）と呼び，区別することが多い．

一連の制御動作を行うための装置を**制御装置**または**コントローラ**（controller）と呼ぶ．また，規模が大きい制御装置を一般に**制御システム**（control system）

2　　　　1. ディジタル制御とコンピュータ

図 **1.1**　ロボットはまさにディジタル制御技術の集大成〔http://www.sony.co.jp/SonyInfo/QRIO/top_nf.html〕

と呼ぶことが多いが，本書では，制御装置全体の総称を制御システムと呼ぶことにする．

### 1.1.2　制御動作を考える

制御装置の動作を直感的に理解するには，日常行っている動作から考えると都合がよい．

一例として，図 **1.2** に示すシャワーを浴びるときの蛇口の操作について考え

図 **1.2**　シャワーを浴びるときの蛇口の操作

よう。ここで考えるシャワーには，温度が一定の冷水の蛇口と熱水の蛇口の2系統があり，おのおのの流出量は蛇口の開閉操作で調節することができるものとする。

　まず，どれくらいの温度のシャワーを浴びたいかを頭の中で考える（イメージ）。どの蛇口をどの程度開けるかを推察し，蛇口を操作する。シャワーが出始めるとすぐ肌で温度を感じ，イメージしていた適温と比較して，冷たいか熱いかを瞬時で判断し，適温でなければどちらの蛇口を開閉したらよいかを判断する。この一連の操作を繰り返し行ってシャワーを希望の温度に調節していく。もし，なんらかの理由で給湯器からの湯の温度が変化した場合は前述と同様の一連の調整を繰り返し行い，適温に保とうとするであろう。

　ここで，シャワーを浴びるときの人がとる動作を制御工学的に考えてみよう（**表 1.1**）。人の動作を分類すると，まず，浴びたい湯の温度を頭の中でイメージすることは，自分にとっての適温を設定することになる。これは，シャワーの温度の**設定値**（setpoint）を制御するために**目標値**として定めたことになる。また，シャワーの温度を肌で感じることは，湯の温度を測定していることになるので，温度**センサ**（sensor）で**検出**（detect）したことになる。さらに，二つの蛇口を開閉して，シャワーを適温に保とうとする動作は，適温（目標値）と肌で感じている温度（測定値）とを比較し，蛇口に対してどのような操作をするべきかを考えて温度調節している（温度制御）。この場合，人とシャワーは**温度制御システム**（temperature control system）であるといえる。また，シャワーから出る湯の温度は制御量であり，シャワーは制御する対象目的であることから，制御システムの**制御対象**（controlled object, plant）と呼べる。

**表 1.1** シャワーを浴びるときの人がとる動作と制御工学的動作

| 人の動作 | 制御工学的動作 |
|---|---|
| 適温をイメージする | 目標値の設定 |
| 蛇口を開ける | 制御動作の開始 |
| 適温かどうかの判断 | 目標値と測定値の比較 |
| どの蛇口をどれくらい開閉するかの判断 | 調　節 |
| 蛇口を開閉する | 操　作 |

### 1.1.3 制御ブロック線図の読み方と書き方

システムの制御動作を制御工学的に記述する際によく使われる表記方法に**制御ブロック線図**（block diagram）がある。このブロック線図は，制御システムの構成と制御動作を同時に図に表したもので，制御システムを理解するために重要なものである。制御を理解するために必要な約束ごと（表記方法）が若干あるので，ここで勉強しておこう。

**図 1.3** に制御ブロック線図の基本要素を示す。制御ブロックは制御要素の集まりからなり，最も基本的な単位を**制御基本要素**（basic element of control system）と呼ぶ。

**図 1.3** 制御ブロック線図の基本要素

制御基本要素のブロックの中には入力と出力の比を書く約束ごとになっている。**図 1.3** に示した例の場合，入力変数 $x$，出力変数 $y$ であるので，両者の信号比 $G$ を使用して，入出力関係を $y = Gx$ のように表す。

制御要素の接続には，**図 1.4** に示すような加算と分岐を用いる。加算点は白丸で示し，信号線付近には符合を付けて信号の足し算と引き算の区別を行う。また，信号の分岐点は黒丸で示し，信号の流れは矢印で表す。

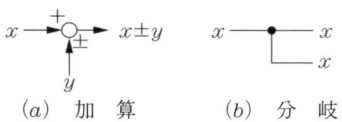

(a) 加 算　　(b) 分 岐

**図 1.4** 制御要素の接続

制御要素の結合方法には，**図 1.5** に示すように直列結合と並列結合がある。図 (a) のように要素が直列に接続されている場合は信号比の乗算になり，図 (b) のように要素が並列に接続される場合は信号比の加算になることに注意する。

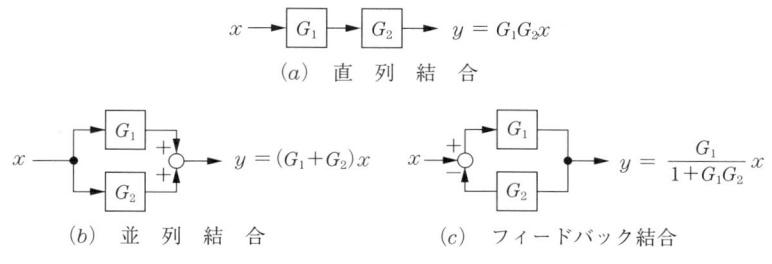

図 1.5 制御要素の結合

また，図 (c) の構成は，**フィードバック結合** (feedback connection) と呼ばれ，制御装置特有のもので，**1.4**節で詳しく勉強するが，出力を入力に返して，引き算する接続の形は重要であるので説明しておこう。

前述のシャワーを浴びるときの制御動作を制御ブロック線図で表すと**図 1.6**となる。

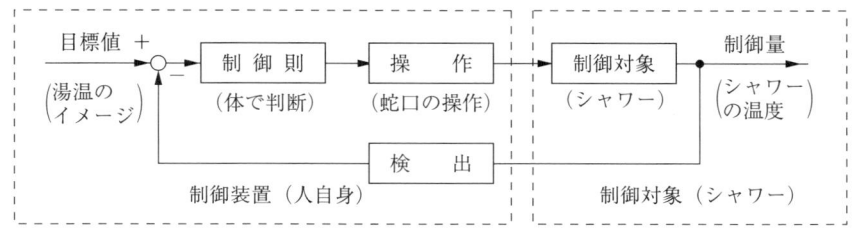

図 **1.6** シャワーを浴びるときの制御動作

制御動作を文章で記述すると理解しにくいが，ブロック線図で示すと簡単に表現できることがわかる。

図を大きく分けると，制御装置と制御対象の二つのブロックからなる。シャワーの場合，制御装置は人自身で，制御対象はシャワーである。このブロックの信号の流れを見ると，**図 1.5** (c) で示したフィードバック結合の構成になっていることがわかる。

制御量はシャワーの温度で，目標値の設定や比較，制御則による判断は人の脳で行い，蛇口の操作は手足で行っている。また，制御量であるシャワーの温度を感じるのは体の皮膚である。

フィードバック結合は，制御した結果，制御量がどのようになったかを測定し，あらかじめ設定してある目標値と比較することにより，どの程度の誤差が発生しているかを検出して制御する方式である．この方式を**フィードバック制御**（feedback control）という．

### 1.1.4　制御ブロック線図の変換

ここでは，複雑なブロック線図を簡単化（**等価変換**）するためのテクニックを紹介する．等価変換とは，**図 1.7** に示すように，ブロックの入出力関係が等しくなるように新しいブロックを追加したり，ブロックの接続や分岐位置を変

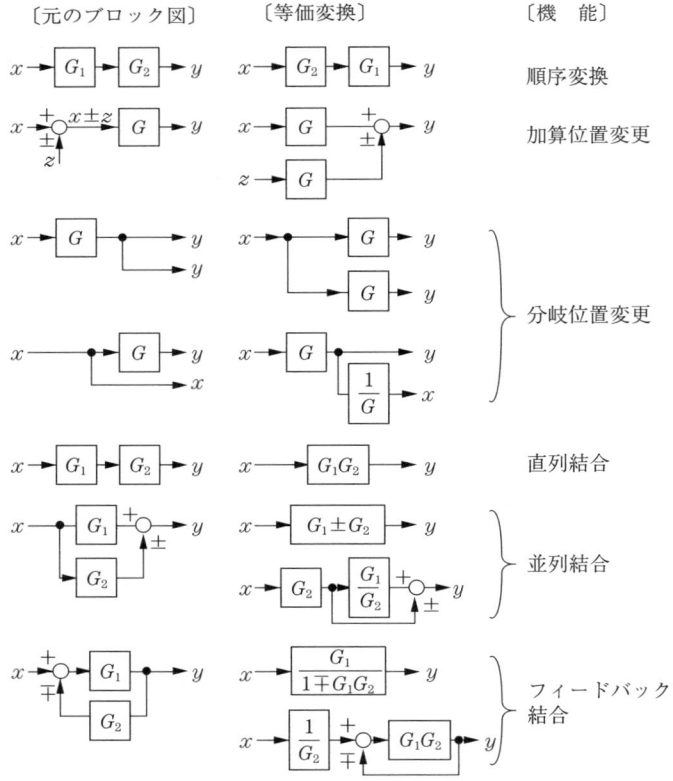

図 **1.7**　ブロック線図の簡単化（等価変換）

えることである．図 1.7 では，左右のブロックの入力 $x$ と出力 $y$ の関係が等しくなる．

複雑なブロック線図は，等価変換することにより簡単化することができ，その理解が容易になる．例えば，入力 1 で出力 1 のブロックの場合，最終的に簡単化することで要素が 1 個のブロックになる．

等価変換は 1.1.3 項に述べたブロックの加算や分岐を応用し，入出力関係を示す式で考えると容易に理解できる．基本的な結合はブロックだけで等価変換できるように，ここで確認しておこう．特に重要なのは，加算位置や分岐位置の変更，結合方式の変換である．

**例題 1.1** 図 1.8 に示すブロック線図を簡単化し，要素が一つのブロックに等価変換せよ．

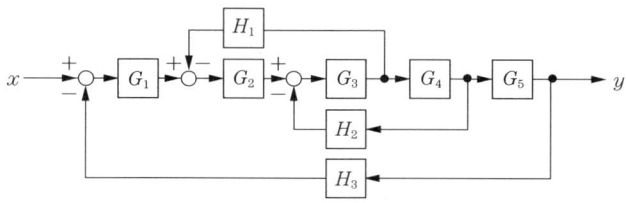

図 1.8 ブロック線図の簡単化の問題

【解答】 与えられたブロック線図において，分岐位置変更を各ループに適用すると，図 1.9 のように等価変換できる．

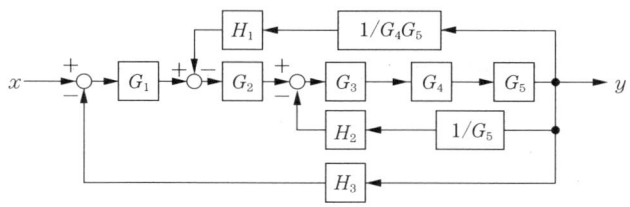

図 1.9 分岐位置変更を等価変換したブロック線図

後尾のフィードバック結合をなくすように等価変換を行うと，図 1.10 のようになる。

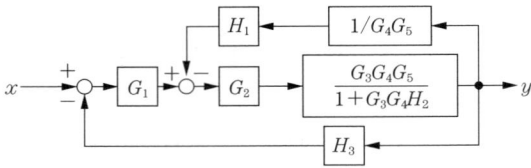

図 1.10　後尾のフィードバック結合を等価変換したブロック線図

同様に上部のフィードバック結合をなくすように等価変換を行うと，図 1.11 のようになる。

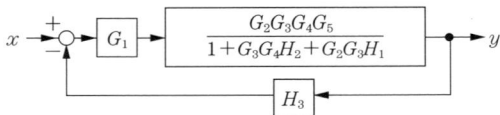

図 1.11　上部のフィードバック結合を等価変換したブロック線図

その後，直接接合すれば図 1.12 が得られる。

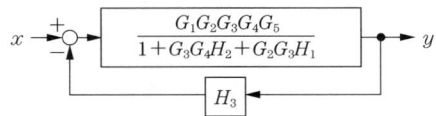

図 1.12　直接接合後の簡単化

最後にフィードバック結合を等価変換すると，解答として図 1.13 が得られる。

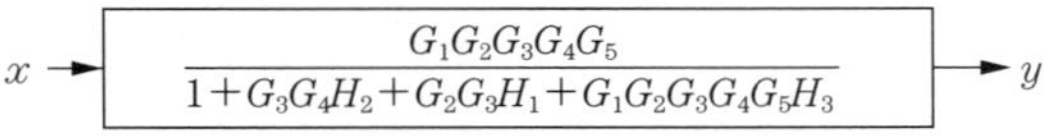

$$x \to \boxed{\dfrac{G_1G_2G_3G_4G_5}{1+G_3G_4H_2+G_2G_3H_1+G_1G_2G_3G_4G_5H_3}} \to y$$

図 1.13　解　　答　　　　　　　　　　◇

### 1.1.5　自動制御の発達

本論に入る前に，制御（自動制御）の歴史とその発達について少し振り返っておこう．まず，自動化を目的とした最初の装置として登場したのは，1775年にジェームスワット（James Watt）の発明した蒸気機関に取りつけられたガバナ（governor；調速機）という装置だといわれている．これは，蒸気機関の回転数を負荷が変化しても一定になるように制御する装置で，フィードバック制御の構成を持っていた．もちろん，制御装置はすべて機械仕掛けで動作することはいうまでもない．

初期の制御装置は空気や油圧を使用する機械式が主流であったが，20世紀になって電気工学が発展するに伴い，制御装置にも電気回路がしだいに含まれるようになった．その後，1971年にマイクロコンピュータが発明されてから，制御装置のコンピュータ化が加速され，こんにちでは，実際に制御を行う調節機能の大部分にはコンピュータが使われている（図 **1.14**）．最近は家電製品にまで組み込まれ，マイクロコンピュータは工業機器すべてにおいて，欠かすことができない存在となった．

図 **1.14**　コンピュータ化された制御管制室

コンピュータを制御装置に使うことで，制御の調節則をプログラミングという形で容易に行えるようになった．このように，現代の制御にはコンピュータは必要不可欠な存在である．

コンピュータを自動制御に用いるためには，信号の入力も出力もすべてディジタル信号として扱わなければならない。しかし，コンピュータの基礎技術であるディジタル技術が発達する以前に，その技術はすでに存在していた。

ディジタル技術の基礎理論は，イギリスの数学者ジョージブール（George Boole）によって提案された**ブール代数**（Boolean algebra）といわれる数学である。電気回路が制御に用いられた当初では，電磁リレーを用いたスイッチング動作だけの**シーケンス制御**（sequential control）と呼ばれる制御回路が多く用いられた。

## *1.2* シーケンス制御と信号処理制御

### *1.2.1* シーケンスとは

シーケンスという用語は「順序」という意味を指すが，制御分野でいうシーケンス制御とは，これから説明するディジタル制御の基本的な形である。

例えば，全自動洗濯機を例に挙げると，給水，洗濯，排水，脱水の順序立った動作を，正確な動作タイミングですべて自動的に行っている。それ以外にも，脱水中に脱水槽の蓋を開けたりすれば脱水が停止したりする安全のための動作が組み込まれている。洗濯中にモータ（電動機）が規則正しく正反転したりする。もし，制御対象を洗濯機のモータだけだと考えれば，モータの始動スイッチをなんらかの手段で，決められた時間に，決められた規則で開閉すればよいことが容易に想像できるであろう。

このように，ある条件のもとに動作を規則的かつ自動的に行わせるための制御を**シーケンス制御**と呼ぶ。また，シーケンス制御の動作を実現するための電気回路を**シーケンス回路**（sequence circuit）と呼ぶ。

参考までに，図 **1.15** にモータの始動停止のためのシーケンス回路の例を示す。

このシーケンス回路では，始動/停止ボタンによるモータ始動停止とランプの点灯，過負荷による異常停止や禁止操作の回避（interlock；**インターロック**）

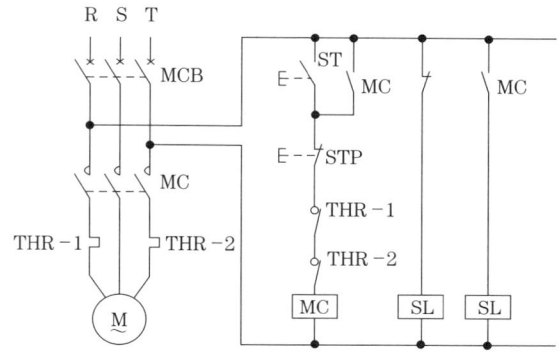

MCB：配線用遮断器
MC：電磁接触器
THR：熱動形過電流継電器
　　　（サーマルリレー）

図 **1.15**　モータの始動停止回路

を電気回路で実現している。

　このような電磁リレー回路を主体として構成されるシーケンス回路は，現在でも多くの産業分野で実用化されている。しかし，回路部品や回路自体が大きくなる欠点があり，小形で精密な製品にはあまり向かない。また，順序だった動作だけでなく，多くの物理量の計測や正確な回転数の制御など，数値計算を扱う制御には不向きである。

### 1.2.2　シーケンス制御回路とディジタル回路

　シーケンス制御はタイマ，リレー，スイッチなどの電気回路で実現することができる。シーケンス制御の電気回路は，論理回路をタイマ，リレー，スイッチなどで実現したものにすぎない。

　シーケンス制御の電気回路は図 **1.16** に示すように論理回路と等価であり，ブール代数が使えるディジタル回路（transistor transistor logic circuit；TTL など）で構成される。

　シーケンス回路は，図 **1.16**（a）に示すように，JIS C 0617 で定められた電

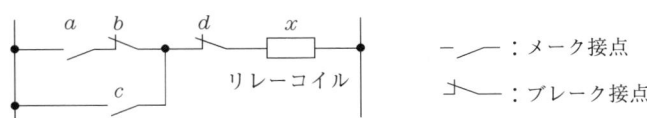

(a) JISの電気用図記号による回路の表示例

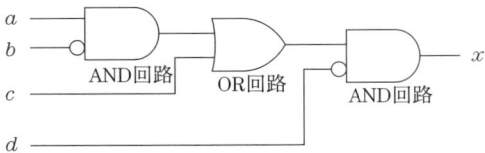

(b) ANSIのMIL論理図記号による回路の表示例

図 **1.16** シーケンス回路の表示例

気用図記号で回路を示す．また，一般に MIL 論理図記号として親しまれている米国規格 ANSI Y32.14 の図記号で示すと図 (b) のようになる．

シーケンス制御の電気回路は，いまでもモータなどを始動させるような交流電力回路の分野で広く用いられている．

### 1.2.3 プログラマブルコントローラ

最近ではマイクロコンピュータが発達してきたため，従来のシーケンス回路は，コンピュータのプログラムとして扱えるようになった．

シーケンス制御がプログラミング可能なコンピュータは，図 **1.17** に一例を示すように，**プログラマブルコントローラ**（programmable controler；PC），**プログラマブルロジックコントローラ**（programmable logic controler；PLC），あるいは**プログラマブルシーケンサ**（programmable sequencer；PS）と呼ばれる．

PC が普及したことによってシーケンス制御の汎用化が進み，制御ロジックの設計や変更がすべてシーケンスプログラムと呼ばれるソフトウェアで行えるので，制御シーケンスの調整やメンテナンスが非常に容易になった．シーケンスプログラムはプログラミング言語だけでなく，リレー図記号や論理図記号でもプログラミングが可能であり，しかも，回路図記号の上から各ロジックの動

図 1.17 プログラマブルコントローラの例
(http://www.keyence.co.jp/)

作がモニタできるものが多い．このような理由から，最近では，工場の生産ラインの機器やロボットなど比較的規模が大きいシーケンス制御にも PC が用いられている．

### 1.2.4 信号処理制御とは

図 1.18 にシーケンス制御と信号処理制御の区別を示す．図 (a) に示すシーケンス制御装置の信号入力部と出力部は，すべて 2 値のディジタル線（ディスクリート信号）で接続される．この信号はすべてスイッチの ON/OFF を 0/1

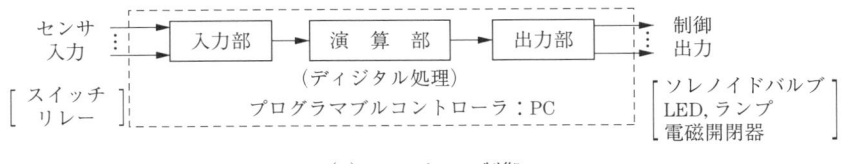

(a) シーケンス制御

(b) 信号処理制御

図 1.18 シーケンス制御と信号処理制御

（電圧の有り/無しなど）で表すので，ある物理量の大きさを測定し，その量の大小で制御の仕方を変えるような制御装置は構成できない。そこで，アナログの計測値をディジタル制御装置で扱えるようにした制御を**信号処理制御**（control system using signal processing）と呼ぶ。

これとは対照的に，図 (b) に示すような信号処理型の制御装置では，アナログ量の入出力回路を持つので，シーケンス制御回路では不可能だった物理量の計測や制御が可能になる。

信号処理型の制御装置では制御の内部演算や処理をすべてディジタル系で扱うため，従来からある外部のアナログ系を制御装置に組み込むことができる。さらに，信号処理型の制御装置をブラックボックスとみなせば，外部からは従来のアナログ系の制御装置となんら変わることがない。

このように従来からある機械機構（空気圧や油圧）などで構成されている制御回路の入出力部分も一度電気信号に変換し，その物理量をコンピュータ内部で使用して制御操作を行う制御を**信号処理型のディジタル制御**（digital signal processing and control system）という。また，そのような制御システムを**連続プロセス制御**（continuous process control）であるという。信号処理型のディジタル制御は同じディジタル制御でも，シーケンス制御とは考え方が異なることに注意する。

## 1.3 ディジタル制御装置の構成

### 1.3.1 信号処理制御による制御装置

本書では，ディジタル制御のなかでも特に連続的な物理量を扱う信号処理型の制御に限定して話を進めることにする。

図 **1.19** に信号処理型のディジタル制御装置の基本構成を示す。

入力されたアナログ電圧信号は，サンプル＆ホールド回路と呼ばれる回路で電圧値として切り出される。さらに，つぎに続く A–D 変換器で電圧から電圧に比例した数値に変換される。変換された数値は，制御調節に使用され，その

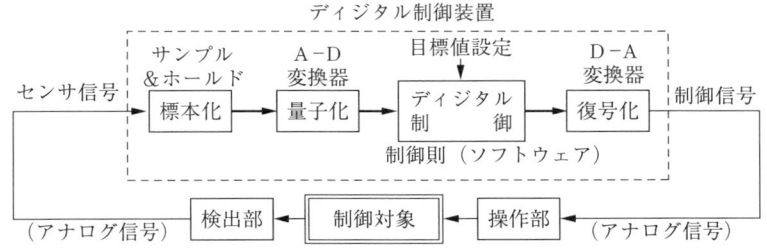

図 **1.19** 信号処理型のディジタル制御装置の基本構成

処理結果は数値として D–A 変換器に渡され，数値から電圧信号に変換される。変換された電圧信号は，制御対象に制御量として加えられることになる。

なお，制御工学における制御対象の呼び方は種々あり，**プラント** (plant)，**システム** (system)，**制御対象要素** (controlled target element) などさまざまである。

### 1.3.2　A–D, D–A 変換器

ディジタル制御で制御を行うための情報は，すべてディジタルで処理されると述べた。しかし，制御システムの中で，センサや制御操作を行う部分は従来からのアナログ回路を用いることが多い。そのため，信号処理制御によるディジタル制御装置には，アナログ（連続）信号をディジタル（離散）信号に変換する装置である A–D 変換器と，その逆の変換を行う D–A 変換器が必要になる。

アナログ信号（電圧信号の連続的な時間変化）をディジタル信号に変換するとは，アナログ波形が持つ情報を損ねることなくその波形をうまく写す（移す）ことである。もちろん，写し取った波形はコンピュータ内部で制御の計算が行えるように数値化されていなければならない。このための理論は **2** 章で詳しく述べるが，ここでは，A–D 変換および D–A 変換器のハードウェアについて学ぶことにする。

図 **1.20** は A–D 変換器の例である。一言に A–D 変換器といっても動作速度や用途によりさまざまなタイプがあるが，ここでは，原理を説明するために並

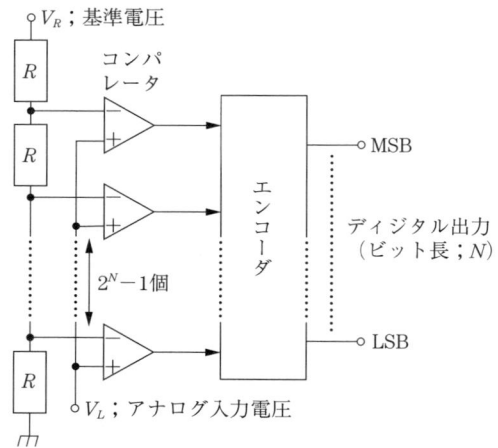

図 *1.20* A–D 変換器の例

列比較方式の A–D 変換器を例として挙げた．動作原理は，基準電圧を抵抗で分圧し，その電圧と入力電圧（変換する電圧）をコンパレータ（電圧比較器）で比較し，一致する電圧を探す方式である．1 個のコンパレータは，分圧された電圧 $V_i$ と入力電圧の大小を 0/1（ON/OFF）に変換するだけなので，入力電圧を $N$ ビットの 2 進数に比較する A–D 変換器の場合，$(2^N - 1)$ 個のコンパレータを並べ，基準電圧 $V_R$ を $2^N$ 個の等しい抵抗で分圧することになる．各コンパレータの出力は，論理回路で組まれたエンコーダでディジタル信号（2 進数）に変換される．

一方，ディジタル値をアナログ信号に変換する D–A 変換器の例を図 *1.21* に示す．A–D 変換器と同様に種々の変換方式が存在するが，例として挙げた回路は，$N$ ビットの電圧加算方式 D–A 変換器である．変換原理は多数の抵抗の組合せで合成抵抗を変化させ，合成抵抗に加えている基準電圧 $V_R$ により抵抗両端に発生した電圧の変化を出力とするものである．出力電圧 $V_o$ は式 (*1.1*) のようになる．

$$V_o = \frac{V_R}{2^N} \sum_{i=0}^{N-1} 2^i A_i \tag{1.1}$$

ここで，$A_i$ はビット $i$ のディジタル値，$V_R$ は基準電圧である．

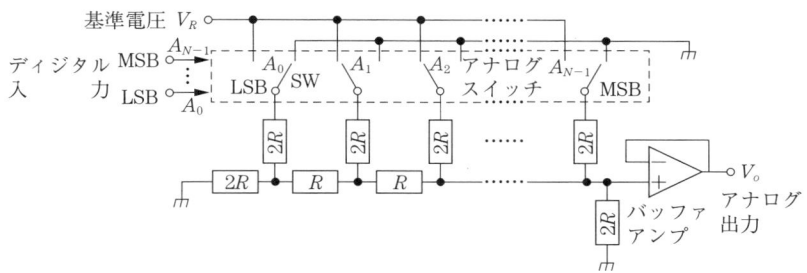

図 **1.21** D–A 変換器の例

現在では A–D 変換器や D–A 変換器は IC (integrated circuit；集積回路) 化されており，ディジタル制御装置を設計するユーザが回路を製作する必要もなくなっている．しかし，**3**章で述べるような，ディジタル信号処理の問題に起因する A–D，D–A 変換の理論は正しく理解しておかなければならない．すなわち，目的に応じた A–D 変換器や D–A 変換器を選別することが重要であり，これを怠るとディジタル制御特有の情報の欠損という重大な問題を招くことになる．

### 1.3.3　サンプル&ホールド回路

時々刻々と変化するアナログ電圧の瞬時値を抜き出すことを**サンプリング** (sampling；**標本化**) するという．前項で述べた A–D 変換器を使用してアナログ電圧をディジタル値に変換する際に発生する問題がある．それは，A–D 変換に要する変換時間である．アナログ電圧は A–D 変換器にはおかまいなく時々刻々と変化するので，A–D 変換器としては，電圧を読み取る時間だけでも電圧を一定値に固定させてほしいわけである．読み取る時間，すなわち A–D 変換器内のアナログ回路の動作時間を**アパーチャ時間** (aperture time) という．アパーチャ時間内に入力電圧が変化すると正確な A–D 変換が不可能になる．

このため，A–D 変換の前には必ず**サンプル&ホールド回路** (sample and hold circuit；**S/H 回路**) という一定時間だけ電圧を保持（ホールド）する回路を設けなければならない．

サンプル&ホールド回路は，アナログスイッチとコンデンサだけで実現した簡単なものである。アナログスイッチをオンにして入力信号をコンデンサに充電し，その後，アナログスイッチをオフにしてコンデンサに充電した電圧を保持させる。前後にバッファアンプがあるのは，信号源側に与える影響を軽減するのと，負荷抵抗による放電を防止するためである。サンプル&ホールド回路の例と動作原理を図 **1.22** に示す。

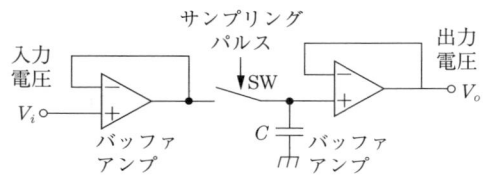

(*a*)　サンプル&ホールド回路の例

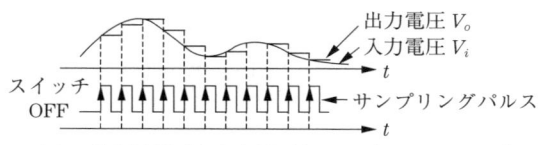

(*b*)　動作原理（入出力電圧とサンプリングパルス）

図 **1.22**　サンプル&ホールド回路の例と動作原理

A–D 変換器のアパーチャ時間を $T_a$ とすると，この値を正確にディジタル値に変換するためには，時間 $T_a$ 内の入力電圧の変化は A–D 変換器の**最小分解能**[†]（1 LSB；least significant bit）以下でなければならない。角周波数 $\omega$，最大振幅 $A$ の正弦波の電圧信号の場合，電圧変動が最も大きいのは 0 のときで，電圧の振幅変化は

$$\frac{dV}{dt} = 2\pi\omega A \tag{1.2}$$

となる。したがって，アパーチャ時間 $T_a$ 内の電圧変化 $\varDelta V$ は

$$\varDelta V = 2\pi\omega A T_a \tag{1.3}$$

---

[†]　アナログ電圧の入力値を数値として区別できる最小値。**3.3.1** 項参照。

となる。これが1 LSB以内でなければならないので

$$T_a \leq \frac{1}{2\pi\omega \cdot 2^N} \qquad (1.4)$$

の関係が得られる。ここで，$N$はA–D変換器の変換ビット数である。

　サンプリングパルスが加わってから，コンデンサに充電される電圧が入力電圧に等しくなるまでには時間が必要である。これはバッファアンプのスルーレート（slew rate）やアナログスイッチの抵抗などの影響により，現実の回路では避けることができない。

　サンプリングパルスが立ち上がってから，コンデンサ電圧が入力電圧に等しくなるまでの時間を**アクイジション時間**（acquisition time）といい，サンプリングパルスが立ち下がってから実際にアナログスイッチがオフになるまでの時間がアパーチャ時間である。図 **1.23** にアクイジション時間 $T_c$ とアパーチャ時間 $T_a$ の関係を示す。

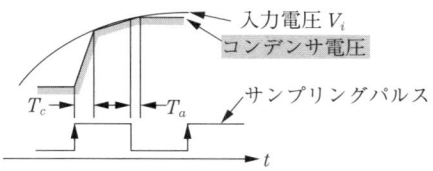

**図 1.23** アクイジション時間 $T_c$ と
アパーチャ時間 $T_a$

　このように，アナログ信号のディジタル化を現実の電子回路で実現するためには，ハードウェア上の制限から考慮すべきパラメータが多く存在する。装置設計者は，精度や情報量の劣化が発生しないようにこれらの値を計算し，ハードウェア選択や制御のソフトウェアを作成するときに考慮しなければならない。

## 1.4　コンピュータによる自動制御装置の実現

### 1.4.1　フィードバック

制御の基本ブロックで，フィードバック結合と呼ばれる接続法が重要である

ことは **1.1.3** 項で述べた．これは，シャワーを浴びるときの湯温制御の動作で説明したように，連続プロセスの場合で扱う物理量はすべてアナログ（連続）量である．この場合の動作は，制御の結果を検出して，それを制御の目標値と比較し，目標値になるように修正する．

この例のように，制御結果を検出し調節計に戻すことを**フィードバック**（**帰還**）（feedback）という．一般に，偏差に対してそれを打ち消すように信号を修正することを**ネガティブフィードバック**（**負帰還**）（negative feedback）という．

図 **1.24** にフィードバック制御装置の構成を示す．フィードバック制御は，定量的，アナログ的な制御特性を持ち，連続した制御動作である．人が日頃から無意識に行っている調節を機能的に実現したもので，制御理論にとって非常に重要である．これに対してシーケンス制御は，単に定められた論理（ロジック）に従い，順序正しく進めていくだけである．

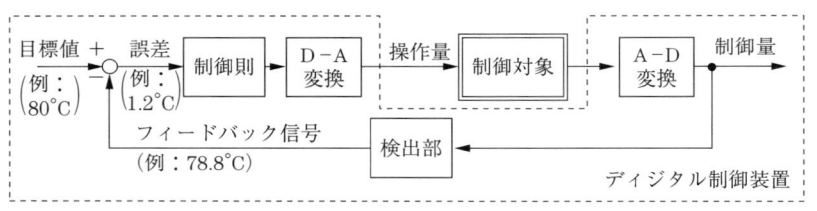

図 **1.24** フィードバック制御装置の構成

ここでは，フィードバック制御はきわめて有効で重要な制御アルゴリズムであることを理解しておこう．

### 1.4.2 フィードバック制御の分類

フィードバック制御は，図 **1.25** のように**定置制御**（set-point control）と**追従制御**（tracking control）に大別される．定置制御とは目標値が時間変動を伴わない場合で，あらかじめ与えられた設定値は一定値として扱う制御のことをいう．これに対して，定置制御は，制御誤差をきわめて小さく抑える点を

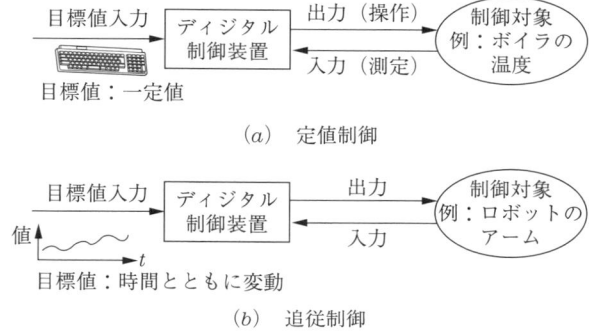

図 1.25　定置制御と追従制御

（制御精度に重点を置く）重視したもので，電気炉の温度制御など工場の生産プロセスなどに広く用いられている．定値制御は値を一定に保つ制御であると理解しておこう．

一方，追従制御とは制御装置に入力される目標値が時間変動する場合の制御で，できるだけ速く，かつ，スムーズに目標値の動きに追従する．この制御は，ロボットのアームの駆動など，制御精度よりむしろ応答速度に重点を置いて設計される．追従制御を機械機構に応用したものは特に**サーボ機構**（servo mechanism）と呼ばれる．この一例を図 1.26 に示す．

図 1.26　ディジタル制御が常識となったコントローラ（左）とサーボモータ（右）（http://www.sanyodenki.co.jp）

### コーヒーブレイク

　1970年ごろ，マイクロマウス（ロボットねずみ）という自立型の迷路脱出ロボットの大会（アメリカで始まったもの）が行われていた。

　高専の学生に人気があるロボコンは，残念ながらリモコンを使い人間が操作するため自立型ロボットではなかったが，当時のマイクロマウスは，マイクロコンピュータを搭載し，自分のセンサ（目）で迷路を探り，自分の判断で迷路の脱出経路を計算しながら進むことができるスーパー知能ロボットであった。また，それだけではなく，外部からエネルギーや情報をもらってはいけないという制限があった。つまり，コンピュータやモータで使用する電気エネルギーは，搭載しているバッテリーでしか供給してはいけないし，外部から無線操縦したりしてはいけないルールになっていた。これこそ完全自立型ロボットである。

　出場者は，すべてを自作し，テストを繰り返し，万全の準備をして大会に臨んだ。それもそのはずで，途中でマイクロマウスがトラブルで停止しても，人は手を出すこともできない。人が触れたら即失格である。マイクロマウスには，自分でトラブルを解決することもプログラミングしなければならないのである。

　この大会に優勝するためには，できるだけ短時間に与えられた迷路を脱出しなければならない。ロボコンでは事前に競技ステージの正確な図面とルールが与えられるが，マイクロマウスでは迷路のサイズは決まっていても，迷路の形は秘密で，大会当日までわからない。そこで，マイクロマウスの競技では，1回目の走行で頭の中に地図を作成していきながら脱出を試み，2回目の走行で作成した地図を解析しつつ脱出のための最短経路を計算しなければならなかった。優勝するためには，ハードウェアだけでなく，迷路の最短ルートを探索する人工知能的ソフトウェアも重要であり，個人参加者とセミプロ（大学の研究室）が混在する非常にユニークな競技だったという思い出がある。

マイクロマウス
（迷路脱出ロボット）

## 演 習 問 題

【1】 われわれが日常行っている動作を制御工学的に整理してみよ。

【2】 シーケンス制御と信号処理制御の違いを述べよ。

【3】 定置制御と追従制御の異なるところを説明せよ。

# 2

# MATLAB/Simulinkの概要

## *2.1* MATLAB/Simulinkとは

　**MATLAB**（マトラボ）は，行列演算を基本とする数値演算を行い，その結果を数値やグラフに表示するインタラクティブなソフトウェアである。演算の信頼性は非常に高く，制御系の解析や設計などに世界的な標準ソフトウェアとして広く利用されている。また，MATLABでは，基本的な関数，sin, cos, log, exp, sqrtなどに加えて，**ツールボックス**（toolbox）という形式で各専門分野ごとに種々の関数が提供されている。例えば，**制御システムツールボックス**（control system tool box）では，伝達関数や状態方程式で記述されたシステムのボード線図が関数bodeにより容易に得られるなど，制御工学で必要となるツールが多数提供されている。制御工学はもとより，画像処理や経済情勢の分析などさまざまな分野のツールボックスが市販されている。

　MATLABの機能をさらに拡張する**Simulink**がある。Simulinkにより制御系をブロック線図により表現できるため，複雑な制御系を容易かつ直感的にシミュレートすることができる。供給元はアメリカのMathWorks社[1][†]で，現在，日本における販売代理店はS社[2]である。動作環境はWindows版，Linux版，Macintosh版があり，旧バージョンを含め多数のバージョンが存在する。このため，動作環境やバージョンの違いによる機能の違いについてS社[2]のホームページに詳細に記述されている。また，学

---

　† 肩付き数字は，巻末の引用・参考文献の番号を表す。

生を対象とした廉価であるが機能が若干制限されているステューデント版がMathWorks社のホームページ経由で直接申し込むことにより入手可能である。MATLAB/Simulinkの基本的な使用方法は，新旧バージョンで共通しており，入門者にも理解しやすいようにチュートリアル（tutorial）形式でS社[2]やミシガン大学のホームページ[3]などに紹介されている。

　ここでは，本書で必要となる基本的な使用方法や関数について述べる。旧バージョンのMATLAB/Simulinkを用いても本書の内容を十分に理解できる。また，MATLAB/Simulinkとほぼ同様の機能を有するソフトウェアとして，**SCILAB/SCICOS**[4),5]，**OCTAVE**[6]，**MATX**[7]などがあり，インターネットからフリーでダウンロードすることができる。

### 2.1.1　スカラ演算

　Preferenceなどの各種設定に関しては，上記ホームページや付属のマニュアルを参照されたい。

　MATLABにおいて基本的なデータ要素は配列（行列）であり，スカラ量は1行1列の行列と考えられる。MATLABを起動すると**コマンドウインドウ**（command window）が開き，プロンプト≫が表示される。

　ここで，MATLAB上に変数$x$を定義し，その値を1に設定するには，プロンプト≫のあとに$x = 1$とキーインする。
```
≫ x=1
≫ x=
      1
```
結果を表示しないようにするには，以下のようにセミコロン（;）を付ける。変数名は任意であり，設定をしないかぎり変数の大文字$X$と小文字$x$は区別されることに注意する。ここで$X$は1行1列の行列，すなわち，スカラとして定義される。
```
≫ x=1;
```
つぎに$z = x + y$を計算させるためには
```
≫ y=2;
```

```
>> z=x+y;
```
とキーインする。$z$ の値を確認するため
```
>> z
```
とキーインすると，演算結果である
```
>> z=
    3
```
が表示される。変数名が多くなり変数名を忘れてしまった場合には，whoというコマンドをキーインするとすべての変数を表示できる。また，それぞれの変数の行列の大きさは size($x$) とキーインすればよい。help とキーインすることによりヘルプ機能が利用できるのでたいへん便利である。このように MATLAB 上ではプログラムを作成することなく，インタラクティブに変数の定義や演算が可能である。

### 2.1.2 ベクトル演算

三次元のベクトル $a = (1\ 2\ 3)$ であれば，成分の間にスペースを挿入し
```
>> a=[1 2 3]
```
とキーインする。
```
>> a=
    1  2  3
```
つぎに，時間などを表現するベクトル，例えば 0 から 0.5 まで 0.1 刻みの成分を持つ行ベクトルを作成するために
```
>> t=0:0.1:0.5
```
とキーインする。
```
>> t=
    0  0.1  0.2  0.3  0.4  0.5
```
なお，増分 0.1 の部分は負の値もとることができる。各成分に 1 を加えるには
```
>> b=t+1
```
とキーインする。

≫ b=
    1  1.1  1.2  1.3  1.4  1.5

また，ベクトル間の加減算は

≫ c=b+t

とキーインする。

≫ c=
    1  1.2  1.4  1.6  1.8  2.0

さらに，ベクトルの定数倍は，ドット（.）を用い

≫ d=2.*c

とキーインする。

≫ d=
    2.0000  2.4000  2.8000  3.2000  3.6000  4.0000

### 2.1.3 行 列 演 算

行列演算もベクトル演算と同様であるが，行ベクトルを入力するごとにセミコロンを入力するか，改行する。3行4列の行列の場合には

≫ A=[1  2  3  4;5  6  7  8;9  10  11  12]

とキーインする。

≫ A=
    1  2  3  4
    5  6  7  8
    9 10 11 12

転置行列 $A'$ は

≫ B=A'

とキーインする。

≫ B=
    1  5  9
    2  6 10
    3  7 11
    4  8 12

複素数の虚数成分には，数字のあとに $i$，または，$j$ を併記する。なお，旧バージョンでは $*j$ のように記述する場合もある。

```
≫ C=[1+2i  3
     4+5i  6];
≫ D=C'
```
とキーインすると
```
≫ D=
    1.0000 - 2.0000i  4.0000 - 5.0000i
    3.0000            6.0000
```
と表示される。複素数を成分にもつ行列の転置行列では，その行列は転置されるだけではなく，複素数成分は元の行列に共役な成分となる。加減算は
```
≫ E=C+D
```
とキーインする。
```
≫ E=
    2.0000            7.0000 - 5.0000i
    7.0000 + 5.0000i 12.0000
```
乗算は
```
≫ F=C*D
```
とキーインすると
```
≫ F=
   14.0000           32.0000 + 3.0000i
   32.0000 - 3.0000i 77.0000
```
しかし，よく知られているように，乗算は乗算の順番により結果が異なる。
```
≫ G=D*C
```
とキーインすると
```
≫ G=
   46.0000           27.0000 - 36.0000i
   27.0000 +36.0000i 45.0000
```
と表示される。さらに，.コマンドを用いると対応する成分間の演算になる。
```
≫ G=[1  2;3  4];
≫ H=[5  6;7  8]
≫ I=G.*H
```
とキーインすると
```
≫ I=
     5  12
    21  32
```

と表示される。また,例えば 100 行 2 列の行列 $a$ の 50 行 2 列の成分は $a(50, 2)$ と記述する。さらに,2 列の成分すべてが必要な場合は,コロンを使用して $a(:, 2)$ と記述する。

### 2.1.4 関 数 演 算

逆行列は inv を用い

  ≫ J=inv(I)

とキーインする。

  ≫ J=
   -0.3478  0.1304
   0.2283  -0.0543

固有値は eig を用い

  ≫ eig(J)

とキーインする。

  ≫ ans=
   -0.4276
   0.0254

ここで,変数 ans は演算結果を格納する変数が指定されない場合に演算結果が格納される変数である。関数 sin は

  ≫ y=sin(pi/4)

とキーインすると

  ≫ y=
   0.7071

と表示される。なお,MATLAB では円周率 $\pi$ は pi と表記する。なお,関数を実行する際に,その関数がないと表示された場合,そのコンピュータ上に関数がない場合もあるが,パスの指定が誤っていて発見できない場合もあるので注意する。ビルトイン関数の引数の意味や数など使用方法を知るためには

  ≫ help 関数名

とキーインする。

### 2.1.5 多項式演算

MATLABでは，多項式はその係数を次数の高いほうから順に成分とするベクトルで表現する。例えば

$$x^3 + 2x^2 + 3x - 4 = 0 \tag{2.1}$$

で表される多項式は

```
p=[1  2  3  -4]
```

となる。この根は roots により求まる。

```
≫ roots(p)
```

とキーインすると

```
≫ ans=
     -1.3880 + 1.7966i
     -1.3880 - 1.7966i
      0.7760
```

と表示される。

逆に，これらが根の多項式は poly により求まる。

```
≫ poly(ans)
```

とキーインすると

```
≫ ans=
      1.0000   2.0000   3.0000   -4.0000
```

と表示される。ここで，多項式の根を表現する $x$ の文字は任意でよく，係数の値のみが重要である。なお，MATLAB では $n$ 次の多項式は，$n+1$ 個の係数で表現されるため，係数が0の場合は0と記述しなければならない。例えば

$$x^3 + 3x - 4 = 0 \cdots\cdots x^3 + 0x^2 + 3x - 4 = 0 \tag{2.2}$$

の場合

```
p=[1  0  3  -4]
```

と記述する。もし

```
p=[1  3  -4]
```

とすると

$$x^2 + 3x - 4 = 0 \tag{2.3}$$

と解釈される。また，polyval を使用して多項式の値を求めることができる。多項式の加減算には，多項式の次数が同一でなければならないため，次数の高いほうの多項式に一致した係数ベクトルを作成する必要がある。また，多項式の乗算すなわちコンボリューション（畳込み演算）には conv を使用する。

```
>> u=[1   2];
>> h=[1   2   3];
>> y=conv(u,h)
```
とキーインする。
```
>> y=
     1   4   7   6
```
多項式の除算 $y/h$ は，deconv を使用する。
```
>> [v,r]=deconv(y,h)
```
とキーインする。
```
>> v=
     1   2
>> r=
     0   0   0   0
```
ここで，$v$ は商の多項式，$r$ は余りの多項式である。

### 2.1.6　演算結果のグラフ化と保存

MATLAB では plot を用いて演算結果を簡単にグラフに表示できる。例えば，sin および cos のプロットは以下のようにする。

```
>> t=0:0.1:2*pi;
>> x=sin(t);
>> y=cos(t);
>> plot(t,x,'+',t,y,'*')
```
とキーインすると，図 *2.1* のグラフが表示される。

変数 $y$ は 63 行 1 列の行列として演算結果が格納される。

このグラフの横軸および縦軸にラベル Time s および Response などを付与するには以下のようにすることにより，図 *2.2* のグラフが得られる。

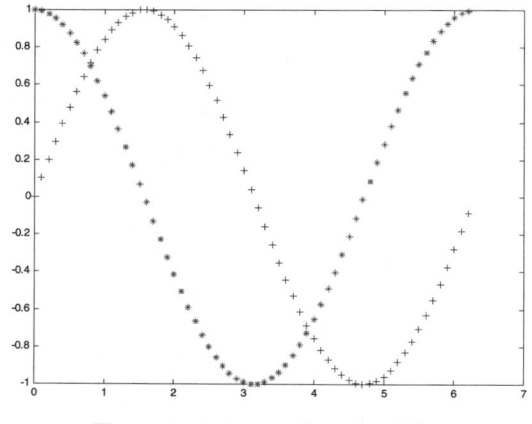

**図 2.1** MATLAB によるグラフ例

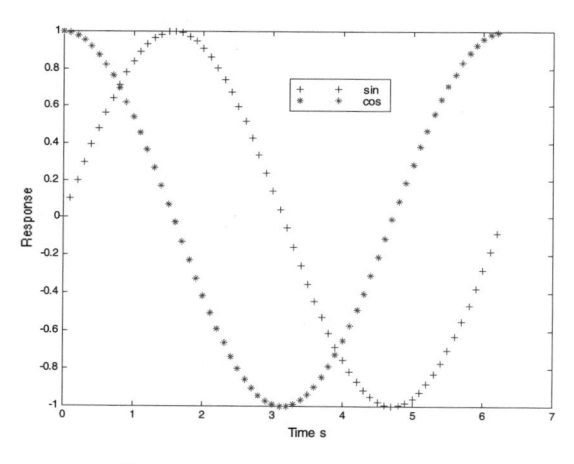

**図 2.2** MATLAB によるグラフ例

```
≫ xlabel('Time s');
≫ ylabel('Response');
≫ xlabel();
≫ legend('sin','cos');
```

plot コマンドの詳細は

```
≫ help plot
```

を参照されたい．また，演算結果の保存には save コマンドを使用する．

### 2.1.7 M–ファイルを用いたユーザー関数の定義

コマンドラインのプロンプト ≫ にコマンドをそのつど入力していたのでは能率が悪く，誤りも多くなる。そこで，一連の演算を実行するために必要となるコマンドを順にすべて記述したのが **M–ファイル** である。ファイルメニューから New M–file を選択し，コマンドを記述し，MATLAB の実行ファイルがあるフォルダに保存する。任意のフォルダに保存可能であるが，DOS コマンドと同様の cd などにより，ファイルの存在するディレクトリに移動するか，当該ディレクトリに関して MATLAB のパスを通す必要がある。M–ファイルは，ファイル名をコマンドライン ≫ にキーインすると実行される。なお，M–ファイル名はバージョンにより，ファイル名.m とする必要がある。ここでは，sin および cos 関数をプロットする M–ファイルを作成する。

ファイルメニューから New M–file を選択し，以下を記述し，ファイル名 sincos.m で保存する。

```
t=0:0.1:2*pi;
x=sin(t);   % sin function
y=cos(t);   % cos function
plot(t,x,'+',t,y,'*')
xlabel('Time s');
ylabel('Response');
legend('sin','cos');
```

この M–ファイルを実行するには

≫ sincos

とキーインすればよく，グラフが表示される。なお，コメントは％のあとに記述する。また，M–ファイルにより新たな関数が定義できる。ここでは，2入力2出力の関数として2個の数字の和と差を求め，さらにそれらの値に1を加えて出力する関数 addsub を定義する。

ファイルメニューから New M–file を選択し，以下を記述し，ファイル名 addsub.m で保存する。

```
function as=addsum(x,y);
off=1;
as=[x+y+off x-y+off];
```

このM–ファイルを実行するために
　　≫ addsub(1,2)
とキーインすると
　　ans=
　　　　4　0
と出力される。なお，コマンドウインドウ上にM–ファイルの内容が順次表示されるが，echooffコマンドによりそれらを表示しなくなる。演算結果，グラフ，M–ファイルのプリントは印刷したいウインドウをクリックし，通常の他のアプリケーションの印刷と同様に用紙設定，プリントの順に実行する。

## 2.2　Simulinkの基本操作

Simulinkでは，歯車のバックラッシュなど非線形要素を含んださまざまなブロックが用意されており，これらを組み合わせることによりディジタル制御系を容易に構成，シミュレートすることができる。Simulinkの各バージョンで共通な基本操作を以下に示す。

1) 必要なブロックを各ブロックからドラッグアンドドロップする。
2) ブロック線図間を結線する。
3) シミュレーション条件を設定する。
4) シミュレーションを実行する。
5) シミュレーション結果を保存する。

また，バージョンによって用意されているブロックは異なるが，ここではその一例を列挙する。基本操作に関してはSimulinkの各バージョンにより若干異なる。ここではMachintosh版を例に操作手順を示す。

### 2.2.1　ブロックの種類

図2.3～図2.8に示すような6個のブロックセット，つまり入力ブロックセット，出力ブロックセット，離散ブロックセット，線形ブロックセット，非線形ブロックセットのほか，その他のブロックセットが提供される。

2.2 Simulinkの基本操作　35

図 2.3　入力ブロックセット

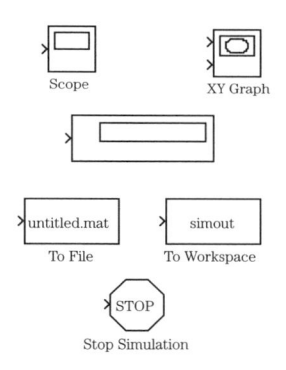

図 2.4　出力ブロックセット

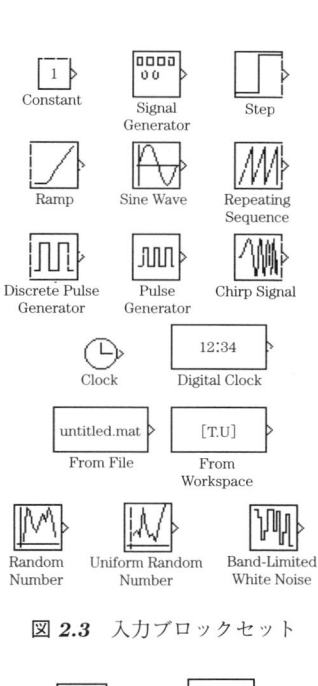

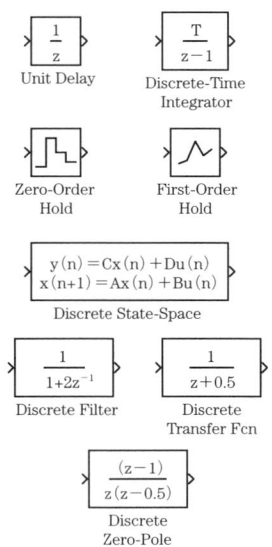

図 2.5　離散ブロックセット

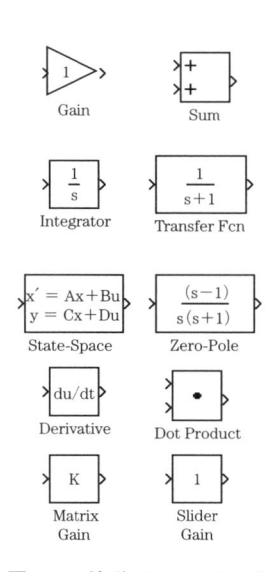

図 2.6　線形ブロックセット

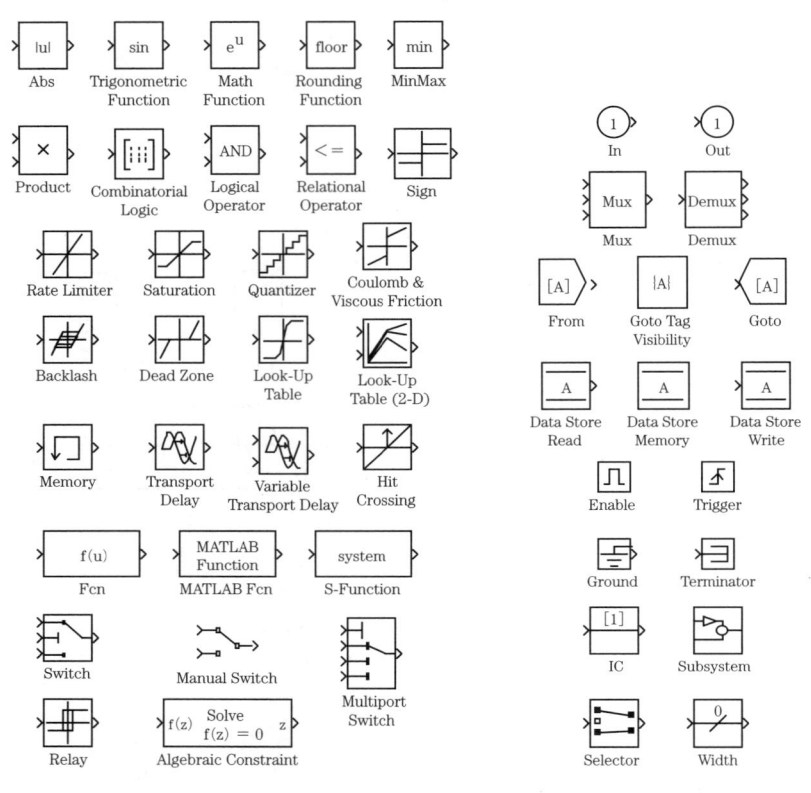

図 2.7 非線形ブロックセット       図 2.8 その他のブロックセット

### 2.2.2 ブロック線図の作成方法

各ブロックをドラッグアンドドロップし，適当な間隔で配置する．ブロックの方向を反転する必要があれば，メニュー上の反転コマンドを用いる．ブロック線図間を結線するとき，シフトキーを押したままドラッグすると線の位置が変更できる．また，フィードバックループを作成するときのように線を分岐するためには，分岐しようとする位置に矢印をおき，コマンドキーを押しながらドラッグする．なお，ブロックや描いた線が不要になったときは該当する部分を選択し，メニュー上のカットコマンドやデリートキーでカットする．また，ブロック線図が複雑で大きくなった場合には，一つのブロックにまとめること

ができる．このためには，マウスでまとめたいブロックおよび線を選択し，メニューバーの Edit コマンド，サブメニューバーの Createsubsystem コマンドを利用する．

図 *2.9* および図 *2.10* にフィードバック制御系に関するシミュレーションにおいて，ブロック scope によりステップ応答を求める例を示す．

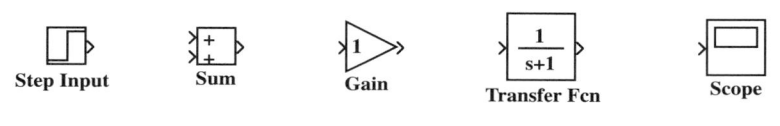

図 *2.9*　各ブロックのドラッグアンドドロップ

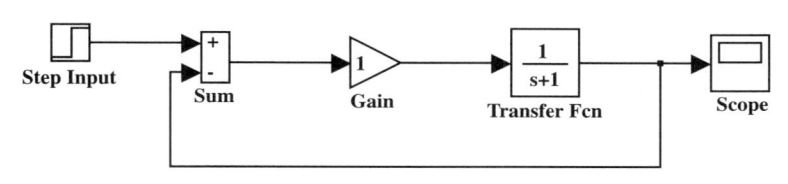

図 *2.10*　各ブロック間の結線

### *2.2.3*　変数を用いたブロックの定義

各ブロックをドラッグアンドドロップしただけでは，ブロック中の変数はすべて数字になっている．ブロックをダブルクリックすることにより，そのブロックが必要なパラメータを入力するウインドウが開くので，パラメータを入力する．数字を入力する代わりに MATLAB のコマンドライン ≫，すなわちワークスペースで定義した変数を記述することもできる．数字で 9.8 とパラメータを設定する代わりに $g$ と記述するためには，MATLAB のコマンドライン ≫ で ≫ $g = 9.8$ と記述すればよい．また，To Workspace ブロックを用いて，Simulink でのシミュレーション結果を MATLAB 上の変数（行列）として格納することができる．これらの機能により MATLAB と Simulink は連携することができ，制御系の設計とシミュレーションが容易に実行できる．

### 2.2.4 シミュレーションの実行

メニューバーの Simulation，サブメニューの Parameters において，以下のパラメータを設定する。

1) シミュレーションの開始時間と終了時間を設定する。
2) シミュレーション時の計算のステップ幅の最小値と最大値を設定する。
3) シミュレーション手法を選択する。
4) メニューバーの Simulation を選択し，サブメニューの Start を選択するとシミュレーションが開始される。シミュレーションを終了するときには，同メニューバーの Stop を選択する。

### 2.2.5 シミュレーションの結果の保存

スコープブロックによりシミュレーションの結果を確認することができるが，その結果を保存するには以下のようにする。

1) To Workspace ブロックにより，シミュレーション結果を MATLAB 上の変数，すなわち，行列として格納する。
2) MATLAB 上の save コマンドにより，データが格納されている行列をファイルに保存する。

　　入力ブロックセットから Clock ブロックをドラッグアンドドロップする。出力ブロックセットから To Workspace ブロックをドラッグアンドドロップする。その他のブロックセットから Mux ブロックをドラッグアンドドロップする。Mux ブロックは複数の信号を一つの信号にまとめる機能がある。この場合は，Clock ブロックの数値とシミュレーションの結果の各 1 列の行列をまとめ，2 列の行列にする。なお，To Workspace の設定で 1ms ごとのデータを取得したい場合には [0.001,1,1] と設定する。

### 2.2.6　Simulink によるブロック線図の例

Simulink によるブロック線図の例を図 *2.11*，図 *2.12* 示す。

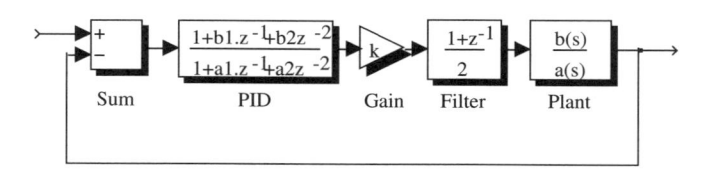

図 **2.11** フィードバック制御系

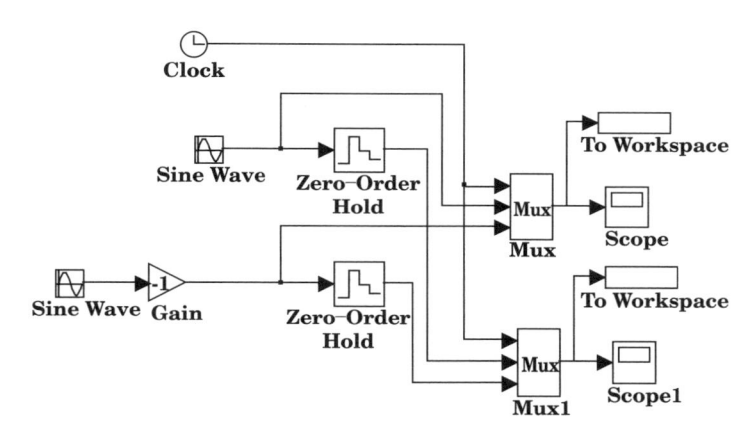

図 **2.12** サンプリングによる離散化の比較

# 3

# ディジタル制御の基礎

## 3.1 アナログ信号とディジタル信号

　アナログ(連続)信号は名前のとおり,時間と大きさがともに連続的な信号(波形)である.本章では,時間軸が連続で,かつ,振幅値も連続である電圧信号をアナログ信号の例として話を進める.

　では,なぜアナログ信号をわざわざディジタル信号に変換するのであろうか.前章までの話の経過から推測すると,制御をコンピュータで行うために,信号のディジタル化が必要だと理解しているであろう.しかし,理由はそれだけではない.アナログ信号のディジタル化には,信号処理的にみてメリットとデメリットが存在するのである.ディジタル化の特徴を列記すると

- 雑音の影響を受けずに制御演算が可能である
- 制御演算を繰り返しても信号が劣化しない
- 信号をディジタル化することで波形の記録や演算が容易に行える
- 制御のためのアナログ回路が必要なく制御装置の小形化が可能である
- アナログ信号をディジタル信号に変換するときに信号の劣化が起こる
- ディジタル信号をアナログ信号に変換するときに信号の劣化が起こる

などが挙げられる.つまり,ディジタル化によるデメリットよりメリットによる効果のほうが大きく,さらに計算機の小形高性能化が制御装置のディジタル化へ拍車をかけているのが現状である.

## 3.2 エリアシングとサンプリング定理

### 3.2.1 アナログ信号のサンプリング

アナログ信号をディジタル化するとき，最初に行うことが**サンプリング（標本化）**である。A–D変換器の説明でも述べたが，サンプリングとは，サンプル&ホールド回路を用いてアナログ信号を時間軸方向に切り出していく処理をいい，信号のレベルを正確な時間刻み（サンプリングパルス）で読み取っていく。制御ではサンプリングする回路を**サンプラ**と呼ぶことが多い。サンプリングされた信号は切り出された信号の電圧であり，まだアナログ値であることに注意しよう。

図 **3.1** にアナログ波形（正弦波）信号のサンプリングを示す。

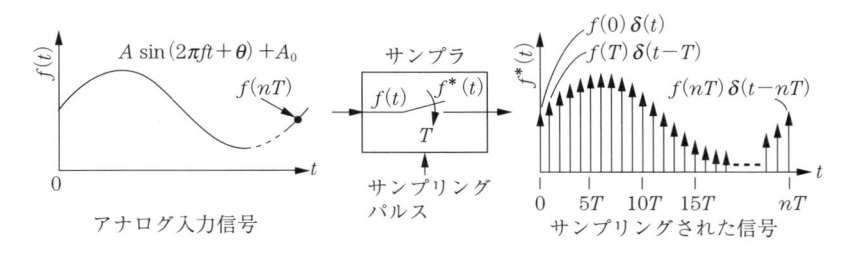

**図 3.1** アナログ波形（正弦波）信号のサンプリング

サンプリングに使用するパルス列は，数学的に表現すると**単位インパルス列**として

$$f(t) = \sum_{n=-\infty}^{\infty} \delta(t - nT) \tag{3.1}$$

で表すことができる。

$\delta(t)$ は数学で**デルタ関数**（delta function）と呼ばれる。図 **3.2** に示すように単位インパルス列は大きさが1のデルタ関数列である。ここでは難しいことは考えずに，単に，サンプリングする瞬間を示す時系列パルスであると理解すればよい。

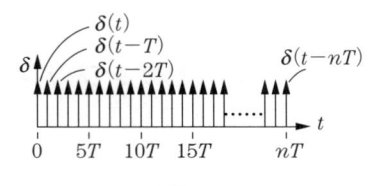

図 **3.2** 単位インパルス列

サンプラは，図 **3.1** に示したようなスイッチの記号で描く。サンプリング間隔 $T$ でやってくるインパルス列でスイッチが開閉し，アナログ信号を等間隔でサンプリングするイメージである。つまり，アナログ信号を $f(t)$ として表す場合，サンプラは，$T$ 秒ごとにその瞬時における値を読み取っていく。サンプリングタイミング $nT$ 時刻のアナログ信号 $f(t)$ は $f(nT)$ であるので，サンプリングされた信号は $f(nT)\delta(t-nT)$ と表す。ここで，$n$ はパルス列の番号（時系列番号）を示す。また，アナログ信号 $f(t)$ をサンプリングした信号は $f^*(t)$ として区別して表すことにする。

したがって，アナログ信号 $f(t)$ のサンプリング信号 $f^*(t)$ は

$$f^*(t) = f(t)\{\delta(t) + \delta(t-T) + \delta(t-2T) + \cdots + \delta(t-nT) + \cdots\}$$
$$= f(t)\sum_{n=0}^{\infty}\delta(t-nT) = \sum_{n=0}^{\infty}f(nT)\delta(t-nT) \qquad (3.2)$$

と表される。

ここに，$T$ を**サンプリング周期（間隔）**（sampling period），$1/T$ を**サンプリング周波数**（sampling frequency）（$f_s$）と呼ぶ。サンプリング周期はディジタル信号を扱ううえで非常に重要なパラメータである。

### 3.2.2 サンプリングすることによる情報劣化

サンプリングはアナログ信号から一定周期で値を読み取る操作であった。では，読取り間隔であるサンプリング周期はどのような値にすればよいのであろうか。直感的に，読取り間隔は短い（サンプリング周波数が高い）ほどよいことは理解できるであろう。しかし，よく考えてみると，読取り速度を上げれば，それに比例して単位時間当りの読取りデータが増え，コンピュータに多大な高

速演算と大きなメモリを要求してしまう．そのようなことを考慮に入れると，情報を損ねない範囲で読取り間隔を長くするのが現実的である．

図 **3.3** に正弦波のアナログ信号を異なるサンプリング周波数でサンプリングした例を示す．

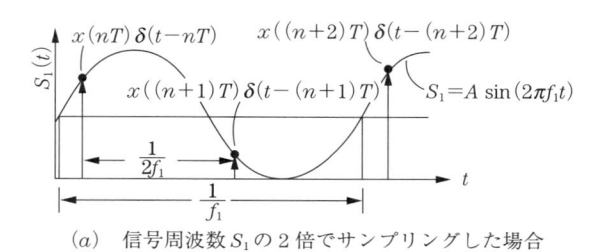

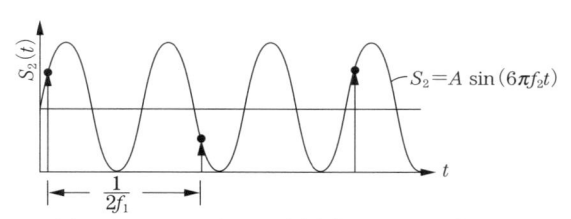

(a) 信号周波数 $S_1$ の 2 倍でサンプリングした場合

(b) 同一のサンプリング周波数で，$S_1$ の 3 倍の信号周波数 $S_2$ をサンプリングした場合

図 **3.3** 正弦波の信号のサンプリング

図 (a) はアナログ信号の持つ周期の 2 倍のサンプリング速度で正弦波信号をサンプリングした場合であり，図 (b) は同じサンプリング速度で 3 倍の周波数を持つ正弦波をサンプリングした例である．

両者のサンプリング点を示す丸印を比較すると，信号の周波数が異なるのにもかかわらず，サンプリングされたデータの値が同じ結果になっていることがわかる．この場合，サンプリングされた信号を D–A 変換してアナログ信号に復元することを考えると，図 (b) の例では周波数が正しく復元できないし，図 (a) ではかろうじて周波数が復元できることがわかる．

この例のように，元の周波数情報がサンプリングを行うことによって失われない範囲でサンプリング周波数を決定することが必要である．

### 3.2.3 サンプリング定理

アナログ波形の周波数情報を保持したままアナログ信号をサンプリングするためのサンプリング周期を決定する理論は**サンプリング（標本化）定理**と呼ばれ，ディジタル技術にとってきわめて重要な定理である。

サンプリング周波数を $f_s$ とすると，**ナイキスト周波数** $f_n$（Nyquist frequency）は $f_s/2$ と定義される。アナログ信号に含まれる最高周波数を $f_{max}$ とすると，サンプリング定理は

$$f_{max} \leq f_n \tag{3.3}$$

という簡単な式で表現される。この式(3.3)を満足していれば，サンプリングした信号から元の周波数情報を再生することができる。

### 3.2.4 周波数スペクトルとエリアシング

じつは，式(3.3)を満足させてサンプリング周波数を決定すれば，サンプリングの問題がすべて解決されるわけではない。いままでの例では，アナログ信号をあらかじめ周波数が既知の正弦波として扱っていたので，元の周波数情報を再生するうえで問題にはならない。しかし，実際はセンサの信号に想定した入力信号より周波数の高い雑音成分も含まれることを考えると完全な再生は不可能である。もう一度図 **3.3** を見て比較していただきたい。問題は，サンプリング定理を満足しない高い周波数成分でも，あたかもサンプリング定理を満足したように，同じデータとしてサンプリングされてしまうことにある。この現象を**エリアシングノイズ**（aliasing noise；**折返し雑音**）と呼ぶ。

では，入力信号に $f_s/2$ を超える周波数成分を持つアナログ信号を考えよう。図 **3.4** (a) に入力信号の周波数スペクトルを示し，図 (b) にサンプリングしたあとの周波数スペクトルを示す。

ここではサンプリング周波数を $\omega_s$ として表示してある。図 (a) の入力信号の周波数スペクトルを見ると，入力には斜線で示した領域の $\omega_s/2$ を超える周波数成分を持つことがわかる。この信号をサンプリング周波数 $\omega_s$ でサンプリ

## 3.2 エリアシングとサンプリング定理

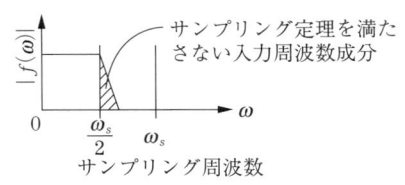

(a) $f_s/2$ を超える周波数成分を含むスペクトル

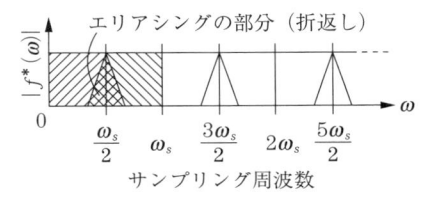

(b) 図(a)のアナログ信号を $\omega_s$ でサンプリングしたあとのスペクトル

図 3.4 エリアシング

ングすると，図 (b) に示す周波数スペクトルのように，$\omega_s/2$ の間隔で入力信号が持つ周波数スペクトルが折り返される．折り返される周波数成分は，アナログ信号の中に含まれる $\omega_s/2$ を超える周波数成分であり，この周波数成分が周波数の低い部分にも折り返され，実質的に元の信号成分に混入することになる．もちろん，一度折り返しが発生するとその周波数成分はあとで分離することができない．

エリアシングの影響を避けるためには，入力信号に含まれる $\omega_s/2$ を超える周波数成分を低域フィルタなどによりサンプリング前に除去しなければならない．このようなフィルタを**アンチ エリアシング フィルタ**（anti aliasing filter）と呼ぶ．現実的には，急峻な遮断特性を持つフィルタは製作することが困難であるので，サンプリング周波数をサンプリング定理の数倍（オーバサンプリング）に設定することが多い．

エリアシングがない状態，すなわち，サンプリング定理に基づいてサンプリングされたデータは波形の復元が可能である．入力波形に $\omega_c$ 以上の周波数を含めないとすれば，sinc 関数と呼ばれる $\sin\omega_c/\omega_c$ の関数を用いることで，入

力した波形を復元することができる。

$$f(t) = \sum_{n=-\infty}^{\infty} f^*(nT) \frac{\sin \omega_c(t-nT)}{\omega_c(t-nT)} \qquad (3.4)$$

なお

$$\frac{\sin \omega_c(t-nT)}{\omega_c(t-nT)}$$

は**サンプリング関数**（sampling function）と呼ばれる。

---

**例題 3.1** 家庭用の音響機器であるディジタルオーディオの分野では，20 kHz までの音声信号を忠実に記録/再生するように設計されている。マイクからの信号をディジタルで記録するオーディオ機器では，サンプリング周波数とサンプリング間隔はいくらに設定すればよいか。

---

【解答】 マイクからの信号に 20 kHz 以上の周波数成分が含まれていないと仮定すれば，サンプリング定理により，サンプリング周波数 $f_s$ は

$$f_s = 2f_{max} = 2 \times 20 \times 10^3 = 40 \text{ kHz} \qquad (3.5)$$

となる。また，サンプリング間隔 $T$ は $f_s$ の逆数であるので

$$T = \frac{1}{f_s} = \frac{1}{40 \times 10^3} = 2.5 \times 10^{-5} \text{ s} \qquad (3.6)$$

となる。なお，実際のディジタルオーディオの分野では，サンプリング周波数 $f_s$ を 44.1 kHz としている。  ◇

## 3.3 信号の量子化と誤差

### 3.3.1 サンプリング信号の量子化

サンプリングにより読み取ったアナログ信号を数値に変換することを**量子化**（quantization）と呼ぶ。サンプリングはアナログ信号を時間軸方向にディジタル化する変換処理であったが，量子化では電圧（縦軸）方向に読み取った電圧をディジタル化することになる。この量子化はアナログ信号をディジタル化するための最後の処理である。

図 3.5 (a) にアナログ入力電圧と量子化後のディジタル値の関係を示す．図に示した例は，3 bit の A–D 変換器でアナログ信号を量子化する場合である．入力の電圧が 0 V から 1 V に変化する場合，量子化後のディジタル値は 3 bit の 2 進数であるから，000, 001, 010, 011, 100, 101, 110, 111 の 8 種類に変換される．

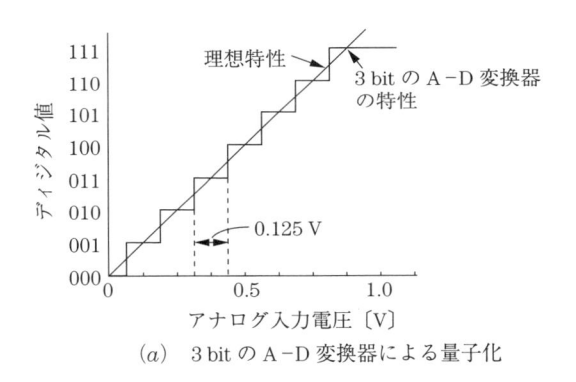

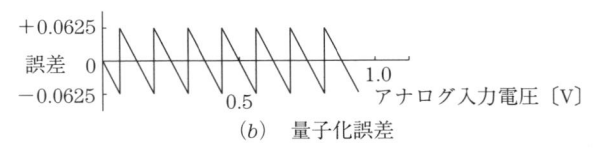

図 3.5 アナログ電圧の量子化と量子化誤差

アナログ電圧の入力値を数値として区別できる最小値を**最小分解能**（1 LSB; least significant bit）といい，ビット数を $N$ とした場合

$$1\,\text{LSB} = \frac{\text{FSR}}{2^N} \tag{3.7}$$

で計算することができる．ここで示した FSR（full scale range）は，入力されるアナログ電圧の最大範囲であり，式の分母は量子化後の 2 進数値の数を表している．

### 3.3.2 量子化誤差

アナログ電圧を量子化することにより，図 3.5 (a) に示したように，連続し

た量が不連続な数値に変換されるから，A–D 変換器の理想特性と現実の量子化では変換誤差が生じる．この誤差は**量子化誤差**（quantization error）と呼ばれ，原理上，1/2 LSB 以上にはならない．アナログ電圧の量子化誤差を図 **3.5**(*b*) に示す．

さらに，A–D 変換可能な電圧の範囲も重要である．入力電圧範囲が 0 V から 1 V の場合，FSR は 1 V となるが，実効的は変換範囲 ER は

$$\text{ER} = \text{FSR} - \frac{1}{2}\text{LSB} \tag{3.8}$$

となる．当然のことながら，分解能を上げれば量子化誤差は小さくなるが，A–D 変換器を電子回路で実現する際に必ず発生する雑音などの影響があるので，ビット数に比例して変換器の精度は単純に向上しない．また，ビット数を大きくすると変換時間もかかることから，工業用には 8 bit から 16 bit の A–D 変換器が用いられることが多い．

## 3.4 離散時間系と制御

### 3.4.1 離散時間システム

これまでは，ディジタル制御に必要なアナログ信号をディジタル信号に変換する構成や原理を説明した．ここからは，具体的にディジタル制御の制御理論を構築するために必要な理論や解析のための表現方法を中心にして述べることにしよう．

**1.1.4** 節では，複雑な制御システムでもその構成は個別の制御要素に細分化できることを述べた．分割された各制御システムは，おのおの入力と出力を持っており，動作上**ブラックボックス**（black box）と解釈してもかまわない．じつは，この考えが制御理論の基盤になっているのである．

ディジタル制御では，個々に分割したシステムでも時間的に変動する離散的な入出力信号を持っているため，**離散時間制御システム**（discrete–time control system）と呼ばれる．このシステムの入出力関係を図 **3.6** に示す．

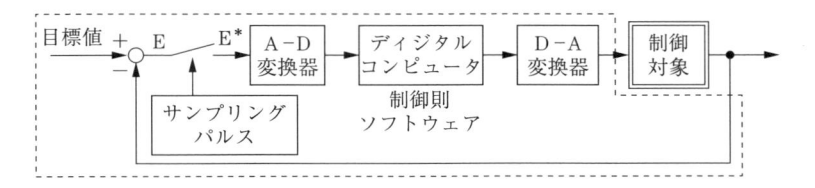

図 **3.6** 離散時間制御システムの入出力関係

### 3.4.2 パルス伝達関数

ここではブラックボックス化したディジタル制御要素の入出力間の関係について述べる．ディジタル制御では入出力関係を**パルス伝達関数**（pulse transfer function）で表す．ここでは，入力信号と出力信号をサンプリング間隔 $T$ でサンプルした離散時間信号間の関係を考えよう．入力 $x(nT)$ として角周波数 $\omega$ の複素周期信号とすると

$$x(nT) = e^{j\omega nT} \tag{3.9}$$

と表され，そのときの離散時間システムの定常出力を $y(nT)$ とする．ここで，この離散時間システムに入力 $x(nT+mT)$，すなわち，$x(nT)e^{j\omega mT}$ を加えたときの出力 $y(nT+mT)$ を考える．入出力が線形なシステムの場合，このときの出力は $y(nT)$ の $e^{j\omega mT}$ 倍になる．つまり

$$y(nT+mT) = e^{j\omega mT} y(nT) \tag{3.10}$$

の関係がつねに成り立つ．

式 (3.10) で $n=0$ とすると

$$y(mT) = e^{j\omega mT} y(0) \tag{3.11}$$

となる．ここで，出力 $y(0)$ は $\omega$ のみに依存する関数であるので，これを $H(e^{j\omega T})$ と表し，$mT$ を $nT$ に書き改めると

$$y(nT) = e^{j\omega nT} H(e^{j\omega T}) \tag{3.12}$$

という離散時間システムの関係式が得られる。ここに，$H(e^{j\omega T})$ を離散時間システムの**周波数応答関数**（frequency response function）と呼ぶ。

この関係式は，$H(e^{j\omega T})$ の周波数応答関数を持つ要素では，出力の振幅が入力に対して $|H(e^{j\omega T})|$ 倍に，位相が入力に対して $\arg H(e^{j\omega T})$ だけ進んだものになることを表している。ここで重要なことは，入出力の関係が線形な要素の場合，入力に加えた角周波数に対する出力も，同じ角周波数 $\omega$ の信号になることである。

一般的に，入力信号に含まれる周波数成分は，式(3.9)で示すように，単一周波数の重ね合わせで表すことができる。フーリエ変換を用いると，入力信号に含まれる周波数成分を

$$Y(e^{j\omega T}) = H(e^{j\omega T})U(e^{j\omega T}) \tag{3.13}$$

のように求めることができる。

すなわち，周波数応答関数は入力信号の周波数成分と出力信号の周波数成分の比である。式(3.13)で $e^{j\omega T} = z$ とすると

$$Y(z) = H(z)U(z) \tag{3.14}$$

と表される。ここで，$H(z)$ は**パルス伝達関数**と呼ばれ，要素の特性を表す関係式である。$H(z)$ は離散時間制御システムの入出力を表すと覚えておこう。なお，$z$ を変数とするこれらの特性関数は **$z$ 変換**（$z$-transform）と呼ばれ，離散時間システムを記述するのになくてはならない変換手法である。

## 3.5 離散時間システムの基本要素

連続時間システムの世界における電気回路の基本要素は，抵抗，インダクタンス，キャパシタンス，電圧源，電流源である。現実の電気回路はこれらの組合せですべて表現する。これに対して，離散時間システムを記述する要素は乗算器，加算器，遅延器の3種類しかなく非常に簡単である。これらの基本要素を列記すると

- 乗算器：二つ以上の信号を乗算する要素
- 加算器：二つ以上の信号を加算する要素
- 遅延器：信号の時間を遅延時間 $T$ だけ遅延させる要素

となる。

連続時間システムの基本要素では物理要素と対比しながら要素を理解したが，離散時間システムの要素は数学的な演算を要素化したにすぎない。したがって，数式で記述すると

乗算器：$y(t) = ax(t)$
加算器：$y(t) = x_a(t) + x_b(t)$
遅延器：$y(t) = x(t - T)$

と表される。このように，離散時間システムではわずか3種類の要素を組み合わせて，すべての離散信号を表記することになる。

## 3.6 $z$ 変 換

### 3.6.1 $z$ 変換の有効性

離散制御システムの特性を表すパルス伝達関数は変数 $z$ で表すことはすでに述べた。ここでは，時間軸 $nT$ の世界から周波数軸 $z$ の世界に変換する $z$ 変換と呼ばれる手法について述べよう。

サンプリングされた信号 $f(nT)$ から，その周波数特性関数 $F(z)$ を求めることを **$z$ 変換**（$z$-transform）と呼ぶ。また，逆に，周波数特性関数 $F(z)$ から信号 $f(nT)$ を求めることを**逆 $z$ 変換**（inverse $z$-transform）と呼ぶ。アナログ（連続）の分野では，信号は $f(t)$ のように時間を変数にした関数として表した。これがディジタル（離散）になり，$f(nT)$ という時間的に不連続な間隔でしか値が存在しない関数として表すことになったのは承知のとおりである。ではなぜ，変数 $z$ を使う必要があるのであろうか。これにはつぎのような二つの理由がある。

第一の理由は，制御システムの数値解析には**時間関数**（time function；時間

を変数とする関数）と**周波数関数**（frequency function；周波数を変数とする関数）の両方を扱う必要があるためである。時間関数とは，われわれが日常使用しているような横軸が時間の関数のことで，周波数関数とは横軸が周波数の関数のことである。入力信号や出力信号は時間関数として扱うことが多いが，入出力間の特性を示すような離散時間システムの特性は，一般的に周波数関数として表す（パルス伝達関数）。そのため，時間領域で記述された時間領域関数を周波数領域で記述された周波数関数に変換する必要がある。

第二の理由は，離散時間システムの応答（出力）を求める場合の数式計算は周波数領域で行ったほうが簡単だからである。実際に応答を求めるには，後で述べる差分方程式（アナログでは微分方程式に相当）を数学的に解く必要がある。ここでは，$z$ 変換を使うと離散時間システムの記述に便利であると覚えておこう。

### 3.6.2　時間領域と周波数領域

アナログ波形をオシロスコープで見ると，横軸を時間で表した信号の時間変動が波形として計測できる。離散時間システムにおいても，時間間隔 $T$ でしか信号が存在しないが，横軸を時間で表した信号の時間変動は定義できる。このように**時間領域**（time domain）では，信号が時間とともにどう変化するのかが示される。

これに対して，時間変動する関数を数学的にフーリエ級数展開したり，FFT アナライザと呼ばれる計測装置で信号をフーリエ変換して観測すると，横軸が周波数で，縦軸が信号振幅のグラフが得られる。これは，信号に含まれている周波数成分を分解したことになる。物理的にいえば，白い光をプリズムで分光したのと同じである。

図 **3.7** に示すように，図 (a) の時間領域で定義された $y(t) = \cos\omega_0 t$ の波形を周波数領域で示すと，図 (b) のようなスペクトルとなり，角周波数 $\omega_0$ の部分にのみ信号が存在する。このように，横軸を周波数（角周波数）で示す世界を**周波数領域**（frequency domain）と呼ぶ。また，周波数領域で示した波形

3.6 $z$ 変 換

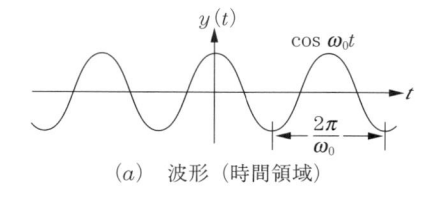

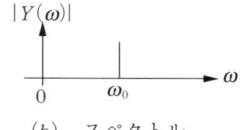

**図 3.7** 時間領域と周波数領域での
信号の表現

を**周波数スペクトル**（frequency spectrum）と呼ぶ。

### 3.6.3 $z$ 変換による表現

まず，時間領域において，時間 $T$ 遅れの応答の $z$ 表現を考えよう。ここでは，入力としてインパルスを考える。**3.2.1**項で説明したように，インパルスとは大きさが 1 の針状パルスのことである。離散時間システムにインパルスを入力として与えたときの出力を**インパルス応答**（impulse response）と呼んでいる。

ここで，$z^{-1}$ を以下のように定義する。

$$z^{-1} = e^{-j\omega T} \tag{3.15}$$

式 (3.9) に示す複素周期信号にこの $z^{-1}$ を乗じると $e^{j\omega(n-1)T}$ となり，信号が時間 $T$ だけ遅れる。すなわち，$z^{-1}$ は図 **3.8** (a) に示すように信号を時間 $T$ だけ遅延させる要素である。したがって，時間 $kT$ だけ遅延させる要素は図 (b) のようになる。

同様に，複数のインパルスが連続的につながった図 **3.9** のようなインパルス列の入力の場合の $z$ 表現は

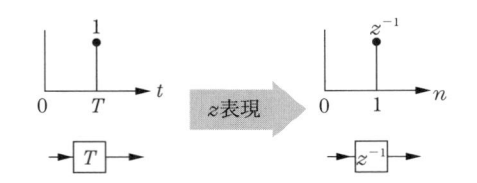

*(a)* 時間 $T$ の遅延要素

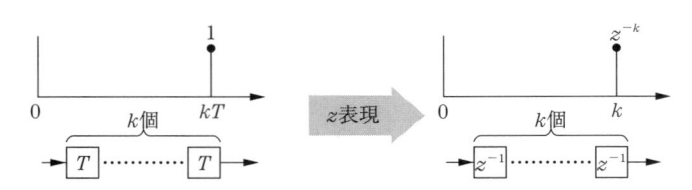

*(b)* 時間 $kT$ の遅延要素

図 **3.8** 遅延要素の $z$ 表現

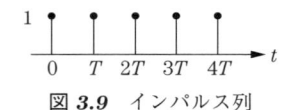

図 **3.9** インパルス列

$$X(z) = 1 + z^{-1} + z^{-2} + z^{-3} + z^{-4} \tag{3.16}$$

となる。

一般的には，$X(z)$ の各インパルスの大きさは 1 ではないので，係数が存在し，例えば

$$X(z) = a + bz^{-1} + cz^{-2} + dz^{-3} + ez^{-4} \tag{3.17}$$

のように書くことになる（図 **3.10**）。

したがって，離散インパルス列の $z$ 表現を一般化すると

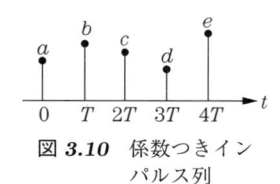

図 **3.10** 係数つきインパルス列

$$X(z) = k[0]z^{-0} + k[1]z^{-1} + k[2]z^{-2} + \cdots + k[n]z^{-n} + \cdots$$
$$= \sum_{n=0}^{\infty} k[n]z^{-n} \qquad (3.18)$$

となる。

$z$ 表現で重要なことは,離散時間関数であるパルス列を式(3.17)のように,係数 $[a, b, c, d, e\cdots]$ と時間遅れ $z^{-1}$ を組み合わせることで,周波数領域の関数 $X(z)$ として表されることにある。この関数を **$z$ 関数**($z$-function)と呼んでいる。

**例題 3.2** 図 **3.11** に示すインパルス列を $z$ 変換せよ。

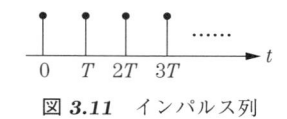

図 **3.11** インパルス列

**【解答】** $z$ 変換の定義を使用して $z$ 関数を求めると

$$\begin{aligned}
X(z) &= \sum_{n=0}^{\infty} k[n]z^{-n} \\
&= 1 \cdot z^0 + 1 \cdot z^{-1} + 1 \cdot z^{-2} + \cdots + 1 \cdot z^{-n} + \cdots \\
&= \lim_{n \to \infty} \frac{1 - z^{-(n+1)}}{1 - z^{-1}} \\
&= \frac{1}{1 - z^{-1}}
\end{aligned}$$

$\diamond$

### 3.6.4 $z$ 変換と逆 $z$ 変換

$z$ 変換を利用することが有効かどうかを例を挙げて考えてみよう。ここでは,図 **3.12** に示す離散システムの入出力関係を $z$ 変換を使用して計算してみることにしよう。

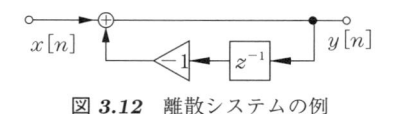

図 **3.12** 離散システムの例

入力を $x[n]$,出力を $y[n]$ とすると,このシステムの入出力関係は

$$y[n] + y[n-1] = x[n] \tag{3.19}$$

と表される。このように,サンプル間の関係を式で表したものを**差分方程式**(difference equation)と呼ぶ。$y[n]$ の $z$ 変換は $Y(z)$, $y[n-1]$ の $z$ 変換は $z^{-1}Y(z)$, $x[n]$ の $z$ 変換は $X(z)$ であるので,式(3.19)は

$$Y(z) + z^{-1}Y(z) = X(z) \tag{3.20}$$

と表される。したがって,入出力関係は

$$Y(z) = \frac{1}{1+z^{-1}} X(z) \tag{3.21}$$

となる。式(3.14)と式(3.21)を比較すると,$1/(1+z^{-1})$ がシステムのパルス伝達関数 $H(z)$ になっていることがわかる。

逆に,出力の時間領域の応答 $y[n]$ を求めたいときには,$Y(z)$ を逆 $z$ 変換すればよい。複雑な $z$ 関数の場合は,$z$ 変換の特徴で述べる $z$ 変換表を使用することになるが,ここでは単純に1を $1+z^{-1}$ で割ってみよう。

$$Y(z) = \frac{1}{1+z^{-1}} = 1 - z^{-1} + z^{-2} - z^{-3} + z^{-4} - \cdots \tag{3.22}$$

となる。この結果を図 **3.13** に示す。

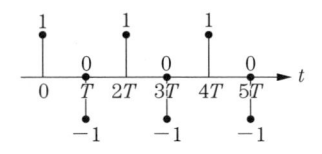

図 **3.13** 離散システムの出力

### 3.6.5 インパルス応答とコンボリューション

離散時間システムにインパルスを加えたときの応答は**インパルス応答**と呼ばれ,パルス伝達関数と同様に離散時間システムの特性を決めるうえでとても重要である。

ここでは,コンボリューション(convolution;畳込み積分)という計算技法

を用いて，インパルス応答と入出力の関係を調べてみよう。

離散時間システムのインパルス応答を $h[n]$，入力を $x[n]$ とすると，システムの応答は

$$y[n] = \sum_{k=0}^{n} x[n-k] \cdot h[k] = x[n] * h[n] \tag{3.23}$$

で計算することができる。

式 (3.23) のように，時間シフトして乗算し加算する計算がコンボリューションであり，演算子 $*$ で定義する。

---

**例題 3.3** 図 **3.14** に示すインパルス応答を持つ離散時間システムに入力が加わった場合の出力をコンボリューションを用いて求めよ。

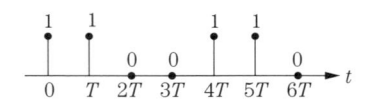

(a) $x[n]$

(b) $h[n]$

図 **3.14** $x[n]$ と $h[n]$

---

【解答】 入力信号をシフトさせながらインパルス応答と乗算し加算すると，図 **3.15** のような結果が得られる。

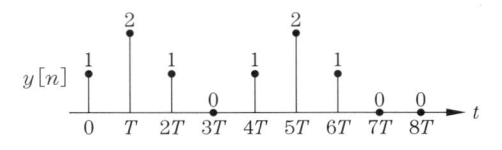

図 **3.15** コンボリューションの結果 $y[n]$ ◇

コンボリューションは時間領域の話であるので，コンボリューションの $z$ 変換を求めてみよう．数列 $x[n]$, $h[n]$, $y[n]$ の $z$ 変換を

$$X(z) = \sum_{n=0}^{\infty} x[n]z^{-n} \tag{3.24}$$

$$H(z) = \sum_{n=0}^{\infty} h[n]z^{-n} \tag{3.25}$$

$$Y(z) = \sum_{n=0}^{\infty} y[n]z^{-n} \tag{3.26}$$

とすると，コンボリューションの $z$ 変換は

$$Y(z) \tag{3.27}$$

$$= \sum_{n=0}^{\infty} y[n]z^{-n} \tag{3.28}$$

$$= \sum_{n=0}^{\infty} \left( \sum_{k=0}^{n} x[n-k]h[k] \right) z^{-n} \tag{3.29}$$

$$= \sum_{n=0}^{\infty} \left( \sum_{k=0}^{n} x[n]h[0] + x[n-1]h[1] + \cdots + x[0]h[n] \right) z^{-n} \tag{3.30}$$

$$= \sum_{n=0}^{\infty} x[n]z^{-n}h[0] + \sum_{n=0}^{\infty} x[n-1]z^{-n}h[1] + \cdots$$
$$+ \sum_{n=0}^{\infty} x[0]z^{-n}h[n] \tag{3.31}$$

$$= \left( \sum_{n=0}^{\infty} x[n]z^{-n} \right) h[0] + \left( \sum_{n=0}^{\infty} x[n-1]z^{-(n-1)} \right) h[1]z^{-1} + \cdots$$
$$+ \left( \sum_{n=0}^{\infty} x[0]z^{0} \right) h[n]z^{0} \tag{3.32}$$

$$= X(z)\{h[0] + h[1]z^{-1} + \cdots + h[n]z^{0}\} \tag{3.33}$$

$$= X(z)H(z) \tag{3.34}$$

となることがわかる．

これらコンボリューションに関する関係を総合的にまとめると

- $z$ 変換は複素数であるため，数学の分野で培われている複素関数論を利

用できる

- $z$ 変換によりシステムの入出力関係からシステム関数が容易に計算できる
- $z$ 変換を使うことで，コンボリューションの関係を積の形で表すことができる
- $z$ 変換を使えば周波数特性が容易に計算できる
- $z$ 変換を使うことでシステムの安定性の判断が容易にできる

このように，$z$ 変換は離散時間システムを記述するうえで必要不可欠である。
図 **3.16** は，コンボリューションと $z$ 変換の関係を総合的にまとめて示したものである。

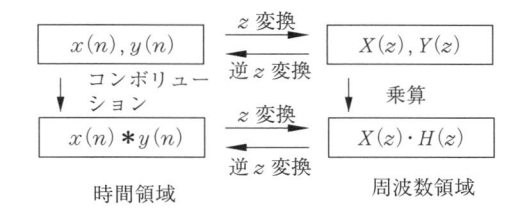

図 **3.16** コンボリューションと $z$ 変換の関係

$z$ 変換と逆 $z$ 変換を使うことにより，周波数領域と時間領域の間を行き来することができ，コンボリューション演算は周波数領域で乗算となることがよくわかる。

### 3.6.6 $z$ 変換の性質

数学としての $z$ 変換の性質を整理しておこう。$z$ 変換が便利なことを学ぶには，実際に $z$ 変換を含んだ計算をして体験するしかない。ここでは，$z$ 変換の計算により離散時間システムを理解する立場から，その応用範囲を広げていこう。

まず，いままで説明していた時間関数から $z$ 変換への対応表を**表 3.1** にまとめた。表の各変換の証明はここでは重要でないので省略するが，時間の許すか

**表 3.1** $z$ 変換への対応表

| 時間関数 | $z$ 変換 |
|---|---|
| $\delta[nT]$ | $1$ |
| $u[nT]$ | $\dfrac{z}{z-1}$ |
| $b^n$ | $\dfrac{z}{z-b}$ |
| $e^{-anT}$ | $\dfrac{z}{z-e^{-aT}}$ |
| $nT$ | $\dfrac{Tz}{(z-1)^2}$ |

ぎり参考書などで確認しておくとよいであろう。

**表 3.2** に $z$ 変換の計算に必要な性質をまとめた。時間シフトは時間遅れに伴う演算に用いる。また，相似則により，ある数列 $x[n]$ がべき乗だけ異なるとき，その $z$ 変換は $x[n]$ の $z$ 変換と同じ形をしていることを表している。さらに，時間の経過に比例して大きくなる数列には微分則が応用できる。

**表 3.2** $z$ 変換の性質

| 性　質 | 時間関数 | $z$ 変換 |
|---|---|---|
| シフト則 | $x[n-k]$ | $z^{-k}X[z]$ |
| 相似則 | $a^n x[n]$ | $X(a^{-1}z)$ |
| $z$ 変換の微分 | $nx[n]$ | $-z\dfrac{dX(z)}{dz}$ |
| コンボリューション | $y[n] = x[n] * h[n]$ | $Y(z) = X(z) \cdot H(z)$ |
| 線形則 | $ax[n] + by[n]$ | $aX(z) + bY(z)$ |
| 推移則 | $e^{-anT}x[nT]$ | $X(z e^{aT})$ |

以下にこれらを整理し列記した。

- **シフト則**：変位則ともいう。この変位則は差分方程式を解く際によく使う。時間数列を $T$ だけ遅らせることは，$z$ 領域で $z^{-1}$ を乗ずることに相当する。このため，$z^{-1}$ は遅延演算子と呼ばれている。
- **相似則**：数列 $x[n]$ がべき乗倍だけ異なるとき，その $z$ 変換は $x[n]$ の $z$ 変換とまったく同じ形をしている。そのため，$z$ 変換の性質を知るには，

$x[n]$ の $z$ 変換の性質に精通していればよいことになる。

- **$z$ 変換の微分**：時間の経過に比例して大きくなる数列の $z$ 変換に便利である。
- **コンボリューション**：数列のコンボリューション演算は $z$ 変換では乗算になる。
- **線形則**：任意の実定数に対して $z$ 変換でも線形則が成り立つ。$z$ 変換も線形の範囲にその適用が限られることに注意する。
- **推移則**：任意の時間関数 $x(nT)$ に対して時間関数 $e^{-anT}$ を乗じることは，時間関数 $x(nT)$ の $z$ 変換である $X(z)$ の $z$ の代わりに $ze^{aT}$ を代入することに対応する。

それでは，例題を使って $z$ 変換の特徴をマスターしてみよう。

---

**例題 3.4** ユニット数列（大きさがすべて 1 である数列）$u[n-k]$ の $z$ 変換を求めよ。

---

【解答】 ユニット数列 $u[n]$ は数列の各要素の大きさが 1 の数列である。$u[n-k]$ は $u[n]$ を時間 $k$ だけシフトしたものであるから，$u[n]$ の $z$ 変換と時間シフトの性質を組み合わせて

$$\sum_{n=0}^{\infty} u[n-k]z^{-n} = \sum_{n=0}^{\infty} z^{-k}u[n]z^{-n} = z^{-k}\sum_{n=0}^{\infty} u[n]z^{-n}$$
$$= z^{-k}\frac{1}{1-z^{-1}}$$

が得られる。 ◇

---

**例題 3.5** ユニット数列 $n \cdot u[n]$ の $z$ 変換を求めよ。

---

【解答】 数列 $n \cdot u[n]$ は，ユニット数列 $u[n]$ に $n$ を掛けたものであるから，$z$ 変換の微分則が適用でき，また，$u[n]$ の $z$ 変換を使用して

$$\sum_{n=0}^{\infty} n \cdot u[n]z^{-n} = -z \cdot \frac{d}{dz}\left(\frac{1}{1-z^{-1}}\right)$$

$$= -z \cdot (-1) \left( \frac{1}{1-z^{-1}} \right)^2 (-1)(-1)z^{-2}$$
$$= \frac{z^{-1}}{(1-z^{-1})^2}$$

が得られる。  ◇

---

**例題 3.6** 数列 $\sum_{k=0}^{n} x[k]$ の $z$ 変換を求めよ。

---

**【解答】** 数列 $\sum_{k=0}^{n} x[k]$ を $y[n]$ とし，$y[n]$ と $y[n-1]$ の差を考えると

$$y[n] = \sum_{k=0}^{n} x[k]$$
$$y[n] - y[n-1] = x[n]$$

数列 $y[n]$ の $z$ 変換を $Y(z)$ とすれば，$y[n-1]$ の $z$ 変換は時間シフト則より $z^{-1}Y(z)$ となる。したがって，両辺を $z$ 変換すれば

$$Y(z) - z^{-1}Y(z) = X(z)$$

が得られる。

よって，$Y(z)$ は

$$Y(z) = \frac{1}{1-z^{-1}} X(z)$$

となる。  ◇

## 3.7 $z$ 変換と離散時間システムの応答

**3.6.5**項において，離散時間システムの出力 $y[n]$ は，システムのインパルス応答 $h[n]$ と入力 $x[n]$ より式(3.35)で示すように，コンボリューションで得られることについて学んだ。

$$y[n] = \sum_{k=0}^{n} x[n-k] \cdot h[k] \qquad (3.35)$$

ここで，コンボリューション計算を $z$ 変換すれば

$$Y(z) = X(z) \cdot H(z) \qquad (3.36)$$

となり，$Y(z)$ が容易に得られることも説明した．そこで，ここでは，$Y(z)$ から逆に $y[z]$ を求める逆 $z$ 変換の計算方法について整理しておこう．

### 3.7.1　べき級数展開法

**べき級数展開法**（power-series method）による逆 $z$ 変換は

$$H(z) = \frac{Y(z)}{X(z)} \tag{3.37}$$

の割り算の結果の $z^{-n}$ 係数から，逆 $z$ 変換した数列を得る方法であり，いままでの説明の中で使用していたものである．

---

**例題 3.7**　システム関数

$$H(z) = \frac{2z^{-1}}{1 - \frac{1}{2}z^{-1}}$$

のインパルス応答 $h[n]$ を計算せよ．

---

【解答】　割り算を実行し，整理していくと

$$\begin{aligned}
H(z) &= 2z^{-1} + z^{-2} + \frac{1}{2}z^{-3} + \frac{1}{4}z^{-4} + \cdots \\
&= z^{-1}\left\{2 + z^{-1} + \frac{1}{2}z^{-2} + \frac{1}{4}z^{-3} + \cdots\right\} \\
&= z^{-1} \sum_{n=0}^{\infty} \left(\frac{1}{2}\right)^{n-1} z^{-n}
\end{aligned}$$

のように応答が得られる．　　　　　　　　　　　　　　　　　　　　◇

### 3.7.2　部分分数展開法

最も多く使われる逆 $z$ 変換の方法が**部分分数展開法**（partial-fraction method）である．この方法では，$X(z)$ を $z^{-k}$ と $1/(1 - az^{-1})$ から構成される部分分数の和の形に展開し，$z$ 変換表を利用して数列 $x[n]$ を求めるようにしたものである．

**例題 3.8** 次式

$$X(z) = \frac{8z^3 - 30z^2 + 19z}{(z-1)^2(z-4)}$$

を部分分数展開法により逆 $z$ 変換せよ。

**【解答】** 部分分数展開を行うと

$$\begin{aligned}
X(z) &= \frac{8z^3 - 30z^2 + 19z}{(z-1)^2(z-4)} \\
&= \frac{8 - 30z^{-1} + 19z^{-2}}{(1-z^{-1})^2(1-4z^{-1})} \\
&= \frac{k_1}{(1-z^{-1})^2} + \frac{k_2}{1-z^{-1}} + \frac{k_3}{1-4z^{-1}}
\end{aligned}$$

が得られる。つぎに係数 $k_1$, $k_2$, $k_3$ を決定する。

$$\begin{aligned}
k_1 &= \left. X(z)(1-z^{-1})^2 \right|_{z=1} \\
&= 1 \\
k_2 &= \left. \left\{ X(z) - \frac{1}{(1-z^{-1})^2} \right\}(1-z^{-1}) \right|_{z=1} \\
&= 4 \\
k_3 &= \left. X(z)(1-4z^{-1}) \right|_{z=4} \\
&= 3
\end{aligned}$$

となるので，部分分数展開は

$$X(z) = \frac{1}{(1-z^{-1})^2} + \frac{4}{(1-z^{-1})} + \frac{3}{(1-4z^{-1})}$$

となる。

また，数列 $nu[n]$ の $z$ 変換は $z^{-1}/(1-z^{-1})^2$ であるので

$$\begin{aligned}
\frac{1}{(1-z^{-1})^2} &= z\frac{z^{-1}}{(1-z^{-1})^2} \\
&= z \sum_{n=0}^{\infty} n z^{-n} \\
&= \sum_{n=0}^{\infty} (n+1) z^{-n}
\end{aligned}$$

となる。

さらに，数列 $u[n]$ の $z$ 変換は $1/(1-z^{-1})$ であるので，整理すると

$$x[n] = (n+1)u[n] + 4u[n] + 3 \cdot 4^n u[n]$$

が得られる。 ◇

逆 $z$ 変換の計算ができるようになったら，つぎに離散制御システムの出力をコンボリューションを使わないで計算してみよう。

---

**例題 3.9** インパルス応答が $h[n] = 0.5^n$ である離散制御システムに入力 $x[n] = 0.3^n$ を加えたときの出力を逆 $z$ 変換を用いて計算せよ。

---

【解答】 入力信号 $x[n] = 0.3^n$ の $z$ 変換は

$$\begin{aligned} X(z) &= \sum_{n=0}^{\infty} (0.3)^n z^{-n} \\ &= \frac{1}{1 - 0.3z^{-1}} \end{aligned}$$

であり，また，インパルス応答 $h[n]$ の $z$ 変換は

$$\begin{aligned} H(z) &= \sum_{n=0}^{\infty} (0.5)^n z^{-n} \\ &= \frac{1}{1 - 0.5z^{-1}} \end{aligned}$$

である。

離散時間システムの応答は入力とインパルス応答の積で与えられるので

$$\begin{aligned} Y(z) &= X(z) \cdot H(z) \\ &= \frac{1}{1 - 0.3z^{-1}} \cdot \frac{1}{1 - 0.5z^{-1}} \\ &= \frac{k_1}{1 - 0.3z^{-1}} + \frac{k_2}{1 - 0.5z^{-1}} \end{aligned}$$

となる。

そこで，部分分数展開を使用して係数を求めると

$$\begin{aligned} k_1 &= Y(z)(1 - 0.3z^{-1})|_{z=0.3} \\ &= -1.5 \\ k_2 &= Y(z)(1 - 0.5z^{-1})|_{z=0.5} \\ &= 2.5 \end{aligned}$$

となり，出力 $y[n]$ として

$$y[n] = \{2.5(0.5)^n - 1.5(0.3)^n\}u[n]$$
が得られる。 ◇

## 3.8 差分方程式と $z$ 変換

　システムを記述するには，機械や電気などの回路に見立てて表す方法や，インパルス応答で記述する方法があることを学んだ。しかし，従来から，アナログの世界でシステムを記述する方法として用いられてきた方法に微分方程式がある。微分方程式は，システムを構成する要素が電気要素であれ，機械要素であれ，システムの動作を記載するだけなので，方程式を純数学的に扱うことで，システム応答の関数を導くことができる。

　離散時間システムでは，微分方程式は差分方程式となり，同様に差分方程式を導き，システムを記述したり，応答を求めたりすることができる。また，システムを差分方程式で記述しておくと，制御システムをコンピュータのプログラムにするときに便利である。

　ここでは，システムの入出力関係を差分方程式で記述してみよう。すでに学んだことであるが，差分方程式の基本要素は**遅延器**（delay），**乗算器**（multipler），**加算器**（adder）である。差分方程式を言葉で説明すると，現在の出力信号は，過去の入力信号の標本値の線形結合によって得られることを示した方程式ということになる。

　すでに

　　　　遅延器は $y[n] = x[n-1]$

　　　　乗算器は $y[n] = \alpha\, x[n]$

　　　　加算器は $y[n] = x_1[n] + x_2[n]$

と表現できることは学んでいる。

　試しに図 **3.17** に示すディジタルフィルタを差分方程式にしてみよう。

　加算器に着目すれば，容易に

$$y[n] = a \cdot x[n] + b \cdot x[n-1]$$

3.8 差分方程式と z 変換　　67

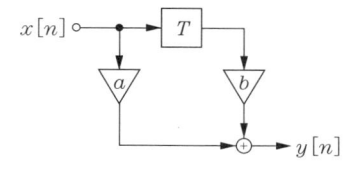

図 **3.17** ディジタルフィルタの例

が求められる．つぎに，この式を z 変換すると

$$\sum_{n=0}^{\infty} y[n]z^{-n} = \sum_{n=0}^{\infty} a \cdot x[n]z^{-n} + \sum_{n=0}^{\infty} b \cdot x[n-1]z^{-n} \quad (3.38)$$

$$Y(z) = a \cdot X(z) + b \cdot \left\{ X(z)z^{-1} + x[-1] \right\} \quad (3.39)$$

が得られる．

ここで，$x[-1] = 0$ とすれば

$$Y(z) = \left(a + bz^{-1}\right) X(z) \quad (3.40)$$

が得られる．

したがって，離散システム伝達関数は

$$H(z) = \frac{Y(z)}{X(z)} \quad (3.41)$$

$$= a + bz^{-1} \quad (3.42)$$

となる．

この式を逆 z 変換すれば

$$\frac{y(t)}{x(t)} = a + b \cdot e^{j\omega T} \quad (3.43)$$

となる．ゆえに，システムの差分方程式が得られれば，それを解析的に解くことで，システムの応答を求められることがわかる．

---

**例題 3.10**　図 **3.18** のシステムにおいて，$x[n]$，$y[n]$，$q[n]$ を $q[n-1]$ を用いて示し，システムを差分方程式で示せ．

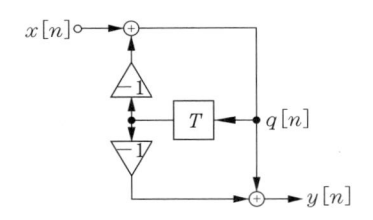

図 3.18  一次の離散システム

【解答】 入力側の加算器の前後について差分表現を行うと
$$x[n] - q[n-1] = q[n]$$
$$x[n] = q[n] + q[n-1]$$
となる。また同様に，出力側の加算器について差分表現を行うと
$$y[n] = q[n] - q[n-1]$$
が得られる。したがって，上式より
$$q[n] = \frac{x[n] + y[n]}{2}$$
が得られるので，システムの差分方程式は
$$y[n] = \frac{x[n] + y[n]}{2} - \frac{x[n-1] + y[n-1]}{2}$$
$$y[n] + y[n-1] = x[n] - x[n-1]$$
となる。 ◇

**例題 3.11** つぎの差分方程式 $y[n+2] - 5y[n+1] + 6y[n] = 5^n$ の解を求めよ。ただし，$y[0] = 0, \ y[1] = 1$ とする。

【解答】 両辺を $z$ 変換すると
$$z^2\{Y(z) - y[0]\} - y[1]z^1 - 5z\{Y(z) - y[0]\} + 6Y(z) = \frac{z}{z-5}$$
となる。
さらに変形すると
$$Y(z) = \frac{z(z-4)}{(z-2)(z-3)(z-5)}$$
が得られる。

部分分数展開して逆 $z$ 変換すると
$$Y(z) = \frac{k_1 z}{z-2} + \frac{k_2 z}{z-3} + \frac{k_3 z}{z-5}$$
であり，係数を求めると
$$\begin{aligned} k_1 &= \left.\frac{Y(z)}{z}(z-2)\right|_{z=2} \\ &= \left.\frac{(z-4)}{(z-3)(z-5)}\right|_{z=2} \\ &= -\frac{2}{3} \end{aligned}$$

$$\begin{aligned} k_2 &= \left.\frac{Y(z)}{z}(z-3)\right|_{z=3} \\ &= \left.\frac{(z-4)}{(z-2)(z-5)}\right|_{z=3} \\ &= \frac{1}{2} \end{aligned}$$

$$\begin{aligned} k_3 &= \left.\frac{Y(z)}{z}(z-5)\right|_{z=5} \\ &= \left.\frac{(z-4)}{(z-2)(z-3)}\right|_{z=5} \\ &= \frac{1}{6} \end{aligned}$$
となるから
$$Y(z) = -\frac{2}{3} \cdot \frac{z}{z-2} + \frac{1}{2} \cdot \frac{z}{z-3} + \frac{1}{6} \cdot \frac{z}{z-5}$$
が得られる。

最後に逆 $z$ 変換すれば
$$y[n] = -\frac{2}{3} 2^n + \frac{1}{2} 3^n + \frac{1}{6} 5^n$$
の応答が得られる。 ◇

図 **3.19** に示した $RC$ 回路の応答を，$z$ 変換を駆使して離散化し求めてみよう。現実のアナログ（連続）システムを計算するには，連続系の計算方法をベースに求めるのが便利なこともある。

回路にキルヒホッフの電圧則を適用すると

## 3. ディジタル制御の基礎

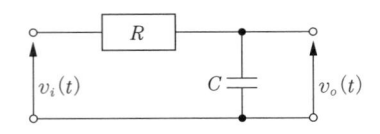

図 3.19 RC 回路

$$v_i(t) = Ri(t) + v_o(t) \tag{3.44}$$

$$i(t) = C\frac{dv_o(t)}{dt} \tag{3.45}$$

が得られる。

したがって，微分方程式は

$$RC\frac{dv_o(t)}{dt} + v_o(t) = v_i(t) \tag{3.46}$$

が得られる。

この微分方程式を解き，インパルス応答の厳密解を求めると

$$v_o(t) = \frac{1}{RC}e^{-(\frac{1}{RC})t} \tag{3.47}$$

となる。なお，ここでは微分方程式の解法については省略するので，解法については他の参考書を見ていただきたい。

つぎに，式 (3.47) の厳密解を離散化する。ここで，解を $T$ 秒間隔でサンプリングすれば

$$h[nT] = \frac{1}{RC}e^{-(\frac{1}{RC})nT} \tag{3.48}$$

が得られる。

RC 回路を近似した離散システムの応答を図 3.20 に示す。

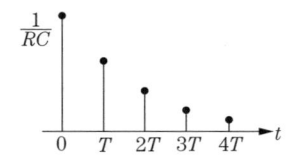

図 3.20 RC 回路を近似した離散システムの応答

式 (3.48) をさらに $z$ 変換すると，パルス伝達関数 $H(z)$ が得られる．

$$H(z) = \frac{\frac{1}{RC}}{1 - e^{-(\frac{1}{RC})T} z^{-1}} \tag{3.49}$$

したがって，システムの出力 $Y(z)$ は

---

**コーヒーブレイク**

　1997 年のアメリカ独立記念日に，NASA/JPL（ジェット推進研究所）の火星探査機マーズパスファインダーが火星への軟着陸に成功したことは，読者もテレビのニュースなどでよく知っていると思う．この探査機には，ローバーと呼ばれる小型探査車が搭載されていた．地球から探査車に電波で指令を送信しても，ローバーが受信するまで 11 分もかかるから，地球からのリモコン操作などは到底無理な話しである．ここでは，30 年前のマイクロマウスと同じ技術が応用されているのである．つまり，ローバーは移動目標が与えられたら，自分で障害物になる岩石を乗り越えたり避けたりを自分で判断しながら，目的地までのルートを算出し，目標に移動して行く．

　筆者はいまでも完全自立型ロボットに深い関心を持っている．あまり知らないかもしれないが，人工衛星などもこのよい例である．一度人間の手を離れたら，ロボットが自分の頭で考え，自分の判断で活動するような制御システムを完成させるのはエンジニアとしての夢ではないだろうか？

ローバー（小型探査車）

$$Y(z) = \frac{\frac{1}{RC}}{1 - e^{-(\frac{1}{RC})T}z^{-1}} X(z) \tag{3.50}$$

になる。

式 (3.50) の両辺を逆 $z$ 変換すれば

$$y[nT] = \frac{1}{RC}x[nT] + e^{-(\frac{1}{RC})T}y[(n-1)T] \tag{3.51}$$

となる差分方程式を得ることができる。

したがって，アナログシステムを近似した離散システムをコンピュータで実現するには，アナログシステムを近似した差分方程式でシステムを記述することが可能である。

一般に制御システムの出力は，入力に依存する項とシステムの初期状態に依存する項の合成で表すことになる。例えば電気回路では，コンデンサに充電された電荷の量などがこれに相当する。

図 **3.21** に，離散時間システムの $z$ 変換，逆 $z$ 変換による記述方法の概念についてまとめた。

| インパルス応答 $h(nt)$ | $\xrightarrow{z変換}$ | パルス伝達関数 $H(z)$ | $\xrightarrow{逆z変換}$ | 差分方程式 |

図 **3.21** 離散時間システムの記述方法の概念

離散時間システムは時間領域では差分方程式やインパルス応答で表すことができ，周波数領域ではパルス伝達関数で表現できる。離散時間システムの応答をコンピュータプログラムで計算するには，差分方程式が得られればよいので，システムを差分方程式で記述しておくと便利がよい。

## 演 習 問 題

【**1**】 12 bit の A–D 変換器の 1 LSB を計算せよ。

【**2**】 0 Hz から 100 kHz までの周波数成分を含むセンサからの信号を離散システムに

取り入れ制御に用いたい。3倍オーバサンプリングで A–D 変換するためのサンプリング間隔を求めよ。

【3】 ディジタルフィルタをコンピュータで実現するにはシステムの特性をなにで記述すると都合がよいかを述べよ。

【4】 A–D 変換時のエリアシングを防ぐにはどのような対策をとればよいか。

【5】 $x[n] = n^2$ の $z$ 変換を求めよ。

【6】 $x[n] = 2^n$ の $z$ 変換を求めよ。

【7】 $x[n] = 1/n!$ の $z$ 変換を求めよ。

【8】 次式の逆 $z$ 変換を求めよ。
$$\frac{z^2}{(z+1)(z+2)^2}$$

# 4

# 離散時間システムの特性

## 4.1 離散時間システムの応答

### 4.1.1 離散時間系における伝達関数

制御系の種々の量が時間に関して連続的に記述される場合を**連続時間系**（continuous–time system）と呼び，サンプリング周期 $T$ ごとなど時間に関して不連続に記述される場合を**離散時間系**（discrete–time system）と呼ぶ。そこで，連続時間系で表現された信号 $x(t)$ をサンプリング周期 $T$ で離散化すると $x(kT)$ となる。ここでは，$x(kT)$ をサンプリング周期 $T$ を省略して $x(k)$ と略記する。システムの入力が $x(k)$，出力が $y(k)$ である離散時間系の伝達関数 $H(z)$ は，一般に

$$H(z) = \frac{b_0 z^m + b_1 z^{m-1} + \cdots + b_m}{z^n + a_1 z^{n-1} + \cdots + a_n} \qquad (n \geqq m) \qquad (4.1)$$

で与えられる。

### 4.1.2 伝達関数の極と零点

式 (4.1) に示す伝達関数を複素根を用いて変形すると

$$H(z) = \frac{b_0(z - q_1)(z - q_2) \cdots (z - q_m)}{(z - p_1)(z - p_2) \cdots (z - p_n)} \qquad (n \geqq m) \qquad (4.2)$$

となる。

$H(z)$ の分母を 0 とおいた式すなわち**特性方程式**（characteristic equation）は

$$(z - p_1)(z - p_2) \cdots (z - p_n) = 0 \qquad (4.3)$$

となり，その根 $p_i$ は**極**（pole）と呼ばれる．

また，$H(z)$ の分子を 0 とおいた式は

$$b_0(z-q_1)(z-q_2)\cdots(z-q_m) = 0 \tag{4.4}$$

となり，その根 $q_i$ は**零点**（zero）と呼ばれる．

離散時間系の応答特性を把握するためには，インパルス入力による**インパルス応答**（impulse response），時間にかかわらず大きさが 1 のインパルスで構成されるステップ入力による**ステップ応答**（step response），インパルスの大きさが時間に比例して大きくなるランプ入力による**ランプ応答**（ramp response）がそれぞれよく用いられる．

### 4.1.3 一次系の特性

連続時間系で定義された $h(t) = e^{-at}$ の波形を実現する離散時間系について考える．サンプリング周期 $T$ を用いて離散化すると

$$h(kT) = e^{-akT} \tag{4.5}$$

となる．式 (4.5) を $z$ 変換すると

$$H(z) = \frac{z}{z - e^{-aT}} \tag{4.6}$$

となる．分母が $z$ に関して一次の多項式になっているので，式 (4.6) に示すシステムを**一次系**（first order system）と呼ぶ．この伝達関数では 1 個の極 $p_1 = e^{-aT}$ を持つ．図 **4.1** に $a = 100$，サンプリング周期 $T$ を 1 ms に設定したときのインパルス応答を示す．

また，この一次系の **DC ゲイン**（DC gain）は

$$z = e^{j\omega T} \tag{4.7}$$

の関係式から，$\omega = 0$ すなわち $z = 1$ を代入すればよい．そこで，式 (4.6) の DC ゲインは $1/\left(1 - e^{-aT}\right)$ となる．

DC ゲインを 1 に設定するにはこの逆数を伝達関数に乗じればよく，そのときのステップ応答を図 **4.2** に示す．

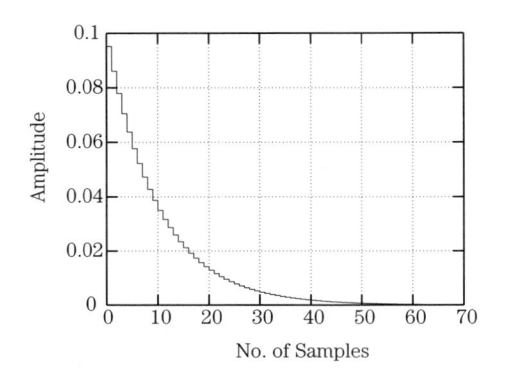

図 **4.1** 一次系のインパルス応答 ($T = 1\,\mathrm{ms}$)

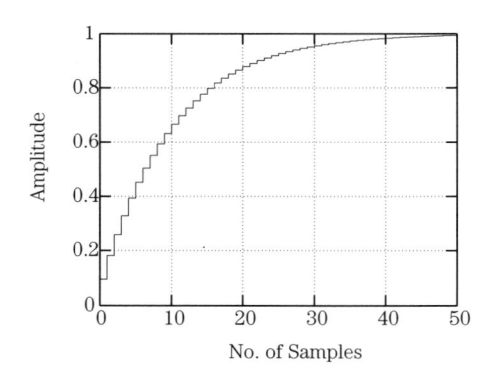

図 **4.2** 一次系のステップ応答 ($T = 1\,\mathrm{ms}$)

さらに，図 **4.3** にサンプリング周期 $T$ を $0.1\,\mathrm{ms}$ に設定したときのステップ応答を示す．

ここで，一次系の**時定数**（time constant）は図 **4.3** の原点における応答の接線が応答の定常値 1 と交わる時間 $T_c$ で定義される．

つぎに**零点** $q$ の影響ついて考える．

$$H(z) = \frac{z - q}{z - e^{-aT}} \tag{4.8}$$

図 **4.4** に零点 $q$ を変化させたときのステップ応答を示す．なお，式(4.8)のDC ゲインが 1 になるようにゲインを調節してある．

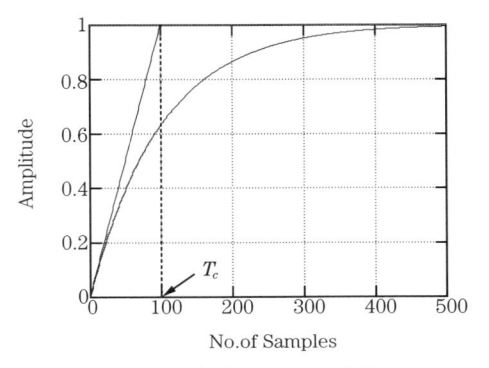

**図 4.3** 一次系のステップ応答
($T = 0.1\,\mathrm{ms}$)

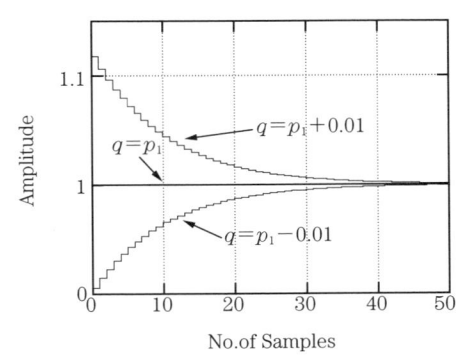

**図 4.4** 零点 $q$ を変化させたときのステップ応答
($T = 1\,\mathrm{ms}$)

このように，零点が極 $p$ に対して 0.01 だけ異なるだけで応答が大きく異なる。さらに，図 **4.5** に零点 $q$ を 1.01 に設定した場合のステップ応答を示す。

図 **4.4** のステップ応答と変わらないように見えるが，ステップ入力，すなわち正の値 1 を連続して入力しているにもかかわらず，負の値から応答が開始している。この現象を**逆応答**（inverse response）と呼ぶ。このように零点 $q$ は応答に大きな影響を与えることがわかる。

つぎに，指数関数 $x(t) = e^{-bt}$，すなわち $x(k) = e^{-bkT}$ を入力としたときの指数関数応答を図 **4.6** に示す。

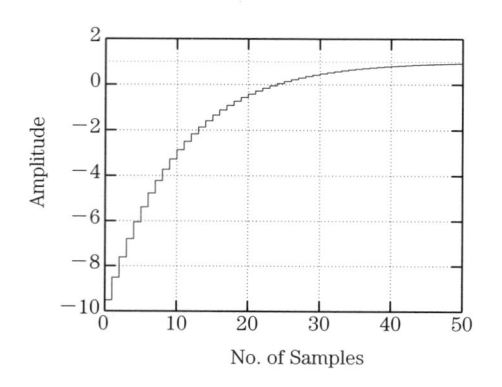

図 **4.5** 零点 $q$ を 1.01 に設定した場合の
ステップ応答 ($T = 1\,\mathrm{ms}$)

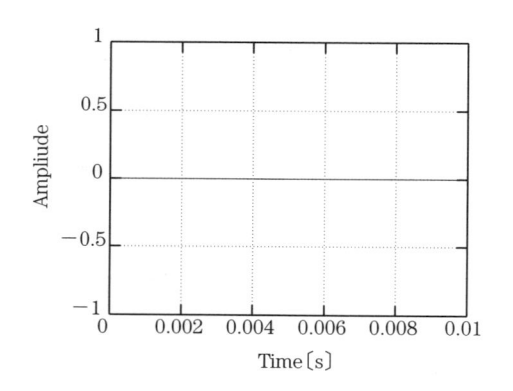

図 **4.6** 指数関数応答
($T = 1\,\mathrm{ms}$)

ここでは，零点 $q$ を $q = e^{-bT}$ に設定し，伝達関数の分子の部分を先に演算し，ついで伝達関数の分母の部分を演算した．なお，初期値はそれぞれ 1 と 0 に，$b$ は 10 に設定した．

図 **4.6** に示すように応答が 0 である．このように $q = e^{-bT}$ に設定した零点 $q$ には入力 $x(k) = e^{-bkT}$ を遮断する性質があり，これが零点という呼び名の由来である．

### 4.1.4 サンプリング周期 $T$ の選定

図 4.2 の場合にサンプリング周期 $T$ を 5 ms に設定したときのステップ応答を図 4.7 に示す。

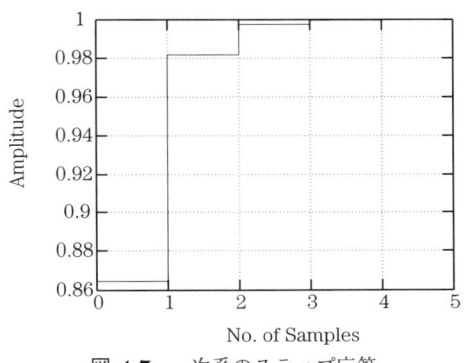

**図 4.7** 一次系のステップ応答 ($T = 5$ ms)

その応答は連続時間系 $x(t) = 1 - e^{-100t}$ と大きく異なり，サンプリング周期 $T$ が 1 ms のときのほうが連続時間系に近い応答が得られる。このように離散時間系ではサンプリング周期 $T$ の選定が重要である。連続時間系に近い応答を得るためには，応答の連続性を考慮してサンプリング周期 $T$ は系の時定数の 1/10 以下に設定する。

$$T < \frac{T_c}{10} \tag{4.9}$$

すなわち，**サンプリング周波数**（sampling frequency）$\omega_s$ は系のバンド幅（bandwidth）$\omega_n$ の 10 倍以上に設定する。

### 4.1.5 二次系の特性

[1] 減衰がない振動

連続時間系で表現された $h_c(t) = \cos \omega t$ と $h_s(t) = \sin \omega t$ の波形を実現する離散時間系について考える。ここでは式(4.10)のオイラーの公式を利用して $z$ 変換を求める。

$$h(t) = e^{j\omega t} = \cos \omega t + j \sin \omega t \tag{4.10}$$

$e^{j\omega t}$ の $z$ 変換を求めると，その実部と虚部がそれぞれ $\cos\omega t$, $\sin\omega t$ の $z$ 変換になる。$e^{j\omega t}$ の $z$ 変換は式 (4.6) において $a = -j\omega$ とおけばよい。

$$H(z) = \frac{z}{z - e^{j\omega T}} = \frac{z}{(z - \cos\omega T) - j\sin\omega T} \tag{4.11}$$

実部 $H_c(z)$ と虚部 $H_s(z)$ に分けると以下になる。

$$H_c(z) = \frac{z(z - \cos\omega T)}{z^2 - 2z\cos\omega T + 1} \tag{4.12}$$

$$H_s(z) = \frac{z\sin\omega T}{z^2 - 2z\cos\omega T + 1} \tag{4.13}$$

上式で，$\omega = 2 \times \pi \times 100\,\mathrm{rad/s}$，サンプリング周期 $T$ を $1\,\mathrm{ms}$ に設定したときの正弦波および余弦波のインパルス応答を図 **4.8** および図 **4.9** に示す。

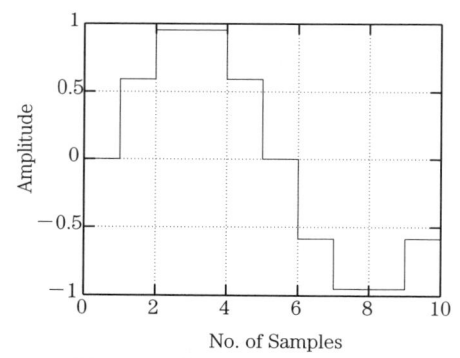

図 **4.8**　正弦波のインパルス応答
($T = 1\,\mathrm{ms}$)

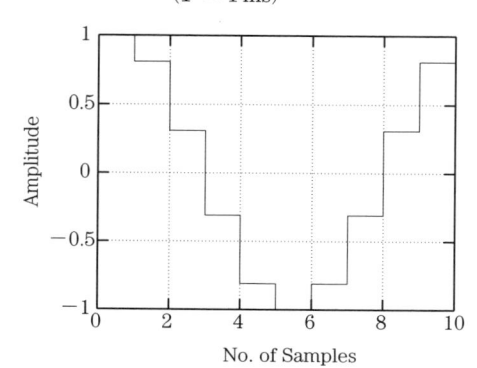

図 **4.9**　余弦波のインパルス応答
($T = 1\,\mathrm{ms}$)

図 4.8,図 4.9 よりサンプリング周期 $T$ が 1 ms,すなわち,波形の周期 10 ms の 1/10 では,連続時間系の応答から大幅に異なることがわかる。

つぎに,サンプリング周期 $T$ を 0.1 ms に設定したときの正弦波および余弦波のインパルス応答を図 4.10 および図 4.11 に示す。

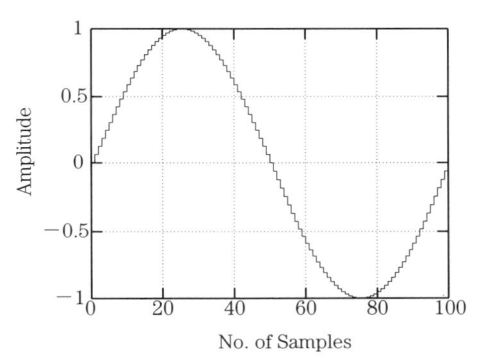

図 4.10 正弦波のインパルス応答
($T = 0.1$ ms)

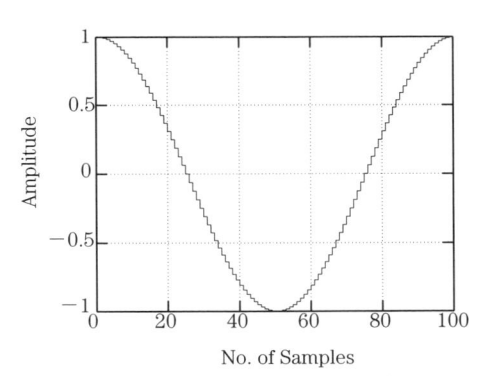

図 4.11 余弦波のインパルス応答
($T = 0.1$ ms)

〔2〕**減衰がある振動** 連続時間系で定義された減衰振動 $h_c(t) = e^{-bt}\cos\omega t$ と $h_s(t) = e^{-bt}\sin\omega t$ の波形を実現する離散時間系を考える。$z$ 変換の**推移則** (shift in frequency) を利用し,$H_c(z)$,$H_s(z)$ の $z$ に $ze^{bT}$ を代入する。

$$H_c(ze^{bT}) = \frac{ze^{bT}\bigl(ze^{bT} - \cos\omega T\bigr)}{\bigl(ze^{bT}\bigr)^2 - 2\bigl(ze^{bT}\bigr)\cos\omega T + 1}$$

$$= \frac{z^2 - ze^{-bT}\cos\omega T}{z^2 - 2ze^{-bT}\cos\omega T + e^{-2bT}} \quad (4.14)$$

$$H_s(ze^{bT}) = \frac{(ze^{bT})\sin\omega T}{(ze^{bT})^2 - 2(ze^{bT})\cos\omega T + 1}$$

$$= \frac{ze^{-bT}\sin\omega T}{z^2 - 2ze^{-bT}\cos\omega T + e^{-2bT}} \quad (4.15)$$

ここで，式(4.16)に示す変数 $r$ と $\theta$

$$r = e^{-bT}, \quad \theta = \omega T \quad (4.16)$$

を導入すると，式(4.14)と式(4.15)は

$$H_c(z) = \frac{z^2 - zr\cos\theta}{z^2 - 2zr\cos\theta + r^2} \quad (4.17)$$

$$H_s(z) = \frac{zr\sin\theta}{z^2 - 2zr\cos\theta + r^2} \quad (4.18)$$

となる。式(4.17)および式(4.18)において $\omega = 2\times\pi\times 100\,\mathrm{rad/s}$, $r = 0.8819$, $\theta = 0.6156\,\mathrm{rad}$, サンプリング周期 $T$ を $1\,\mathrm{ms}$ としたときの正弦波，余弦波の減衰振動のインパルス応答を図 **4.12**, 図 **4.13** に示す。

つぎに，サンプリング周期 $T$ を $0.1\,\mathrm{ms}$ としたときの正弦波，余弦波の減衰振動のインパルス応答を図 **4.14**, 図 **4.15** に示す。

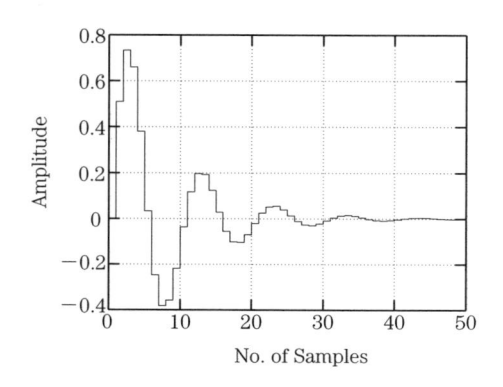

図 **4.12** 正弦波の減衰振動のインパルス応答
($T = 1\,\mathrm{ms}$)

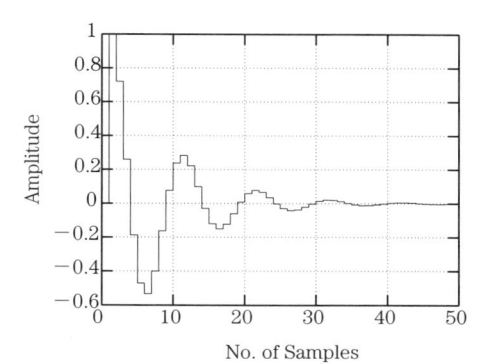

図 **4.13** 余弦波の減衰振動のインパルス応答
($T = 1\,\mathrm{ms}$)

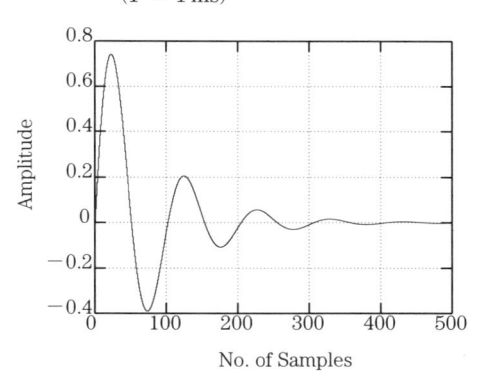

図 **4.14** 正弦波の減衰振動のインパルス応答
($T = 0.1\,\mathrm{ms}$)

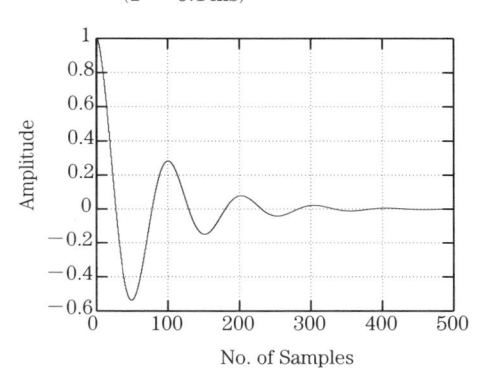

図 **4.15** 余弦波の減衰振動のインパルス応答
($T = 0.1\,\mathrm{ms}$)

### 4.1.6 離散時間系における微積分演算

連続時間系における微積分演算に対応する離散時間系の演算手法は種々あるが，ディジタル制御でよく用いられる演算方法について考える。

〔**1**〕**前進差分法**　前進差分法（forward rectangular rule）では，時間 $kT$ における積分値を $y(k)$ とする。図 **4.16** において式(4.19)のように積分を長方形で近似する。

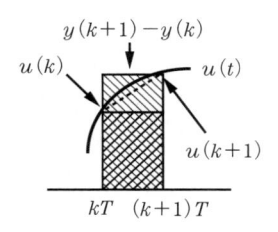

図 **4.16** 離散時間系における積分演算

$$y(k+1) - y(k) = Tu(k) \tag{4.19}$$

式(4.19)より積分演算は

$$\frac{T}{z-1} \tag{4.20}$$

となり，微分演算は式(4.20)の積分演算の逆数になる。

$$\frac{z-1}{T} \tag{4.21}$$

〔**2**〕**後進差分法**　後進差分法（backward rectangular rule）では，図 **4.16** において式(4.22)のように積分を長方形で近似する。

$$y(k+1) - y(k) = Tu(k+1) \tag{4.22}$$

式(4.22)より積分演算は

$$\frac{zT}{z-1} \tag{4.23}$$

となり，微分演算は式(4.23)の積分演算の逆数になる。

$$\frac{z-1}{zT} \tag{4.24}$$

〔**3**〕 **双一次変換法** 双一次変換法（bilinear rule）では，図 **4.16** において式(4.25)のように積分を台形で近似する。

$$y(k+1) - y(k) = \frac{T}{2}\{u(k+1) + u(k)\} \tag{4.25}$$

式(4.25)より積分演算は

$$\frac{T}{2} \cdot \frac{z+1}{z-1} \tag{4.26}$$

となり，微分演算は式(4.26)の積分演算の逆数になる。

$$\frac{2}{T} \cdot \frac{z-1}{z+1} \tag{4.27}$$

## 4.2 離散時間システムの安定性

### 4.2.1 離散時間システムの安定条件

式(4.1)に示す離散時間系の伝達関数は，極 $p_i$ を用いて式(4.28)のように部分分数に展開できる。ここで，$k_i$ を係数とし，さらに，簡単のため，すべての極は異なるものとする。なお，共役な複素数の極をもつ二つの一次系をまとめると二次系になる。

$$H(z) = \sum_{i=1}^{n} \frac{k_i z}{z - p_i} \tag{4.28}$$

式(4.28)のインパルス応答は部分分数に分解された個々の一次系および二次系のインパルス応答になる。そこで，離散時間システムが安定であるためにはこれらの一次系と二次系のインパルス応答すべてが時間とともに0に収束すればよい。このためには式(4.16)に示す $r$ を考慮すると，$|r| < 1$ のとき，すなわちすべての極 $p_i$ が **z 平面**（z-plane）上の**単位円**（unit circle）の内部にあるときにシステムは安定になる。特性方程式は一般に高次方程式になり，次数が高くなるほど方程式を直接解くことが困難になる。また，コンピュータは有限語長であり，方程式を表現する係数の表現に誤差が必ず含まれる。高次系になる

ほどこの表現誤差による解の誤差，すなわち，感度が非常に高くなる。このため，特性方程式の根を直接求めることなく，その係数から安定性を判別する手法が考案された。なお，フィードバック制御系の安定性を調べる手法として根軌跡法があるが，この手法については **5** 章で述べる。

### 4.2.2 関数 roots を用いる方法

特性方程式の次数がそれほど高くない場合には，MATLAB の関数 roots を用いて極 $p_i$ を直接求めることができる。

---

**例題 4.1** つぎに示す 6 次の特性方程式の根を求め，安定性を判別せよ。

$$x^6 - 2x^5 + 3x^4 - 4x^3 + 5x^2 - 6x + 7 = 0$$

---

【解答】 MATLAB を用いる。
```
≫ p=[1 -2 3 -4 5 -6 7];
≫ roots(p)
ans=
    1.3079 + 0.5933i
    1.3079 - 0.5933i
   -0.7104 + 1.1068i
   -0.7104 - 1.1068i
    0.4025 + 1.3417i
    0.4025 - 1.3417i
```
複素数の大きさを知りたいので関数 abs を使用する。
```
≫ abs(ans)
ans=
    1.4361
    1.4361
    1.3152
    1.3152
    1.4007
    1.4007
```
となり，システムが不安定であることがわかる。               ◇

### 4.2.3 Juryの方法

特性方程式を式(4.29)の

$$P(z) = a_0 z^n + a_1 z^{n-1} + \cdots + a_n \tag{4.29}$$

で表現し，つぎに示すような**表 4.1**を作成する。

**表 4.1** Juryの安定判別 $(n > 2)$

| $a_n$ | $a_{n-1}$ | $\cdots$ | $a_1$ | $a_0$ | 1 |
| $a_0$ | $a_1$ | $\cdots$ | $a_{n-1}$ | $a_n$ | 2 |
| $b_{n-1}$ | $b_{n-2}$ | $\cdots$ | $b_0$ | | 3 |
| $b_0$ | $b_1$ | $\cdots$ | $b_{n-1}$ | | 4 |
| $\vdots$ | $\vdots$ | $\vdots$ | | | $\vdots$ |
| $g_2$ | $g_1$ | $g_0$ | | | $2n-3$ |

なお，各係数はつぎにより求める。

$$b_k = \begin{vmatrix} a_n & a_{n-k-1} \\ a_0 & a_{k+1} \end{vmatrix} \quad k = 0, 1, \cdots, n-1$$

$$c_k = \begin{vmatrix} b_{n-1} & b_{n-k-2} \\ b_0 & b_{k+1} \end{vmatrix} \quad k = 0, 1, \cdots, n-2$$

$$d_k = \begin{vmatrix} c_{n-2} & c_{n-k-3} \\ c_0 & c_{k+1} \end{vmatrix} \quad k = 0, 1, \cdots, n-3$$

$$\vdots$$

$$g_k = \begin{vmatrix} f_3 & f_{2-k} \\ f_0 & f_{k+1} \end{vmatrix} \quad k = 0, 1, 2$$

以下の条件がすべて満足した場合，システムは安定である。

**二次系の場合**（second order system）

$$|a_2| < a_0$$
$$P(1) > 0$$
$$P(-1) > 0$$

三次系以上の場合（3rd order system）

$|a_n| < a_0$

$P(1) > 0$

$P(-1) > 0 \qquad n：偶数$

$P(-1) < 0 \qquad n：奇数$

$|b_{n-1}| > |b_0|$

$|c_{n-2}| > |c_0|$

$\vdots$

$|f_2| > |f_0|$

$\vdots$

---

**例題 4.2** 二次系の安定条件を求めよ。

$P(z) = z^2 + a_1 z + a_2 = 0$

---

【解答】 各係数に関しての条件はつぎのようになる。

$|a_2| < 1$

$P(1) = 1 + a_1 + a_2 > 0$

$P(-1) = 1 - a_1 + a_2 > 0$ ◇

---

**例題 4.3** 三次系の場合

$P(z) = z^3 + a_1 z^2 + a_2 z + a_3$

の安定条件を求めよ。

---

【解答】 表 **4.2** に Jury の判別表を示す。

**表 4.2** Jury の安定判別 ($n=3$)

| $a_3$ | $a_2$ | $a_1$ | $a_0$ | 1 |
|---|---|---|---|---|
| $a_0$ | $a_1$ | $a_2$ | $a_3$ | 2 |
| $b_2$ | $b_1$ | $b_0$ | | 3 |

なお，係数 $b_k$ などの演算は複雑に見えるが，表 4.3 に示すように規則的である。

**表 4.3** 係数 $b_k$ の演算方法

| $a_3$ | | | $a_0$ | $b_2$ |
|---|---|---|---|---|
| $a_0$ | | | $a_3$ | |
| $a_3$ | | $a_1$ | | $b_1$ |
| $a_0$ | | $a_2$ | | |
| $a_3$ | $a_2$ | | | $b_0$ |
| $a_0$ | $a_1$ | | | |

安定条件は

$|a_3| < 1$

$P(1) = 1 + a_1 + a_2 + a_3 > 0$

$P(-1) = -1 + a_1 - a_2 + a_3 < 0$

$|b_2| > |b_0| \rightarrow |a_3^2 - 1| > |a_1 a_3 - a_2|$

となる。 ◇

### 4.2.4 双一次変換を用いたラウスフルビッツの方法

式 (4.30) で示される**双一次変換**（bilinear transformation）について考えることにする。

$$w = \gamma \frac{z-1}{z+1} \qquad \gamma > 0 \quad (4.30)$$

双一次変換により $z$ 平面上の単位円の内部が **$w$ 平面**（$w$–plane）上の**左半平面**（left half plane）に写像されることを示す。

式 (4.30) を $z$ について解くと

$$z = \frac{\gamma + w}{\gamma - w} \quad (4.31)$$

となる。ここで，$w$ は複素数 $\sigma + j\omega$ として式 (4.31) に代入する。なお，単位円の内部は $|z| < 1$ で表現される。

$$|z| = \left|\frac{\gamma + w}{\gamma - w}\right| = \left|\frac{\gamma + \sigma + j\omega}{\gamma - (\sigma + j\omega)}\right| < 1 \tag{4.32}$$

式 (4.32) を整理すると

$$\frac{(\gamma + \sigma)^2 + \omega^2}{(\gamma - \sigma)^2 + \omega^2} < 1 \tag{4.33}$$

となる。式 (4.33) を整理すると $\gamma$ の値にかかわらず $\sigma < 0$ が求まる。そこで，$z$ 平面上の単位円の内部に極 $p_i$ が存在するかどうかを調べるためには，$\hat{w}$ 平面上の左半平面に極 $p_i$ が存在するかどうかを調べればよい。このため，連続時間系の安定性を調べるラウスフルビッツの方法が応用できる。

---

**例題 4.4** 双一次変換を用いて二次系の安定条件を求めよ。

$$P(z) = z^2 + a_1 z + a_2 = 0$$

---

**【解答】** ここで，変換を簡単にするため $\gamma = 1$ として変換する。

$$\left(\frac{1+w}{1-w}\right)^2 + a_1 \left(\frac{1+w}{1-w}\right) + a_2 = 0 \tag{4.34}$$

式 (4.34) を整理すると

$$P(w) = \hat{a}_0 w^2 + \hat{a}_1 w + \hat{a}_2 = 0 \tag{4.35}$$

となる。ただし

$$\hat{a}_0 = 1 - a_1 + a_2$$
$$\hat{a}_1 = 2(1 - a_2)$$
$$\hat{a}_2 = 1 + a_1 + a_2$$

とする。

ラウスフルビッツの安定条件は二次系の場合，すべての係数が同符号であることから Jury の方法による結果と同一になる。 ◇

## 演 習 問 題

【1】 MATLAB を用いて式(4.6)に示す一次系のインパルス応答およびステップ応答を求めよ。

【2】 MATLAB を用いて式(4.8)に示す一次系のステップ応答を求めよ。ただし，DC ゲインが 1 になるようにゲインを調節する。

【3】 式(4.8)に示す一次系に関して，零点 $q = e^{-10T}$ として，Simulink を用いてブロック線図により構成し，$x(k) = e^{-10kT}$ を入力したときの応答を求めよ。ただし，初期値は 0 とする。

【4】 MATLAB を用いて式(4.12)および式(4.13)に示す二次系のインパルス応答を求めよ。

【5】 MATLAB を用いて式(4.17)および式(4.18)に示す二次系のインパルス応答を求めよ。

# 5

# 伝達関数に基づいた ディジタル制御系の設計

## 5.1 連続時間系における伝達関数

### 5.1.1 微分方程式によるシステムの記述

**3.8** 節で述べたように，入力を直列回路の入力電圧 $v_i(t)$，出力をコンデンサ $C$ の両端の電圧 $v_o(t)$ とすると，RC 直列回路は $v_o(t)$ に関する 1 階の定係数線形微分方程式で表現できる。

一般に，システムの入出力関係は非線形になる。しかし，動作点の近傍での動作を扱う場合には，システムは入力を $x(t)$，出力を $y(t)$ とすると，式(5.1)に示す定係数線形微分方程式で記述できる。

$$\frac{d^n y(t)}{dt^n} + a_1 \frac{d^{n-1} y(t)}{dt^{n-1}} + \cdots + a_{n-1} \frac{dy(t)}{dt} + a_n$$
$$= b_0 \frac{d^m x(t)}{dt^m} + b_1 \frac{d^{m-1} x(t)}{dt^{m-1}} + \cdots + b_{m-1} \frac{dx(t)}{dt} + b_m \qquad n > m$$
(5.1)

### 5.1.2 ラプラス変換

連続時間系で記述された関数 $x(t)$ はラプラス変換 (Laplace transform) により $s$ 領域 ($s$ domain) の関数 $X(s)$ に変換される。

$$X(s) = \int_0^\infty x(t) e^{-st} dt \qquad (5.2)$$

離散時間デルタ関数 (delta function) $\delta(t)$ は

$$\delta(t) = \begin{cases} 1 & t = 0 \\ 0 & t \neq 0 \end{cases} \tag{5.3}$$

で定義される．式(5.3)より，そのラプラス変換は1になる．また，**ステップ関数**（step function）$1(t)$ は

$$1(t) = \begin{cases} 1 & t \geq 0 \\ 0 & t < 0 \end{cases} \tag{5.4}$$

で定義され，式(5.2)より，そのラプラス変換は $1/s$ になる．さらに，初期値を0とすると $dx(t)/dt$ のラプラス変換は $sX(s)$ になる．一般に，微分 $d^n x(t)/dt^n$ のラプラス変換は初期値を0とすると $s^n X(s)$ になる．

一方，積分

$$\int_0^t x(t)\,dt \tag{5.5}$$

に関しては，初期値を0とすると $X(s)/s$ になる．

すなわち，$s$ 領域では微分は $s$，積分は $1/s$ で表現される．このようにラプラス変換により微分方程式は演算子 $s$ の代数方程式に変換されるため，$s$ 領域における微分方程式の解が代数演算のみで簡単に求められる．さらに，ラプラス逆変換により時間領域の解が求められる．

### 5.1.3 連続時間系における伝達関数の導出

ラプラス変換を用いて，式(5.1)に示す連続時間系システムの入出力関係を $s$ 領域における入出力関係，すなわち，連続時間系における伝達関数に変換する．なお，伝達関数を求める場合には変数の初期値はすべて0に設定する．このため，式(5.1)の伝達関数 $P(s)$ は

$$P(s) = \frac{b_0 s^m + b_1 s^{m-1} + \cdots + b_{m-1} s + b_m}{s^n + a_1 s^{n-1} + \cdots + a_{n-1} s + a_n} \qquad n > m \tag{5.6}$$

となる．

## 5.2 制御対象の離散化

図 **5.1** にディジタルフィードバック制御系を示す。

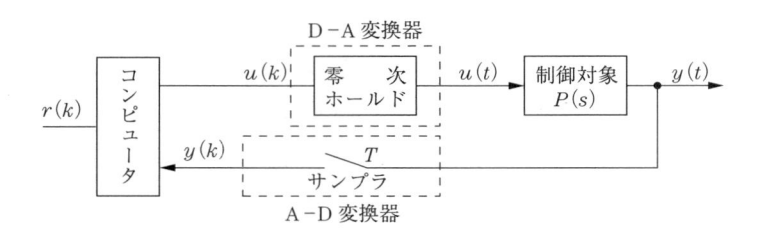

**図 5.1** ディジタルフィードバック制御系

離散時間系では連続時間系にはない**サンプラ**（sampler）および**零次ホールド**（zero–order hold）により信号をサンプリングし，離散化し，つぎの信号をサンプリングするまでその信号を保持する必要がある。このため，制御対象をモデル化，すなわち，数式化してディジタル制御系を設計する場合，サンプラおよび零次ホールドの特性を考慮する必要がある。連続時間信号 $u(t)$ をサンプリングした離散時間信号 $u(kT)$ を用いて表すと式 (5.7) になる。

$$u_s(t) = \sum_{k=0}^{\infty} u(kT)\delta(t - kT) \tag{5.7}$$

ラプラス変換すると

$$U_s(s) = \sum_{k=0}^{\infty} u(kT)\, e^{-kTs} \tag{5.8}$$

となる。

一方，零次ホールドでは連続時間信号 $u(t)$ を

$$u_h(t) = u(kT) \qquad kT \leqq t < (k+1)T \tag{5.9}$$

に変換する。式 (5.9) は式 (5.10) のように変形できる。

$$u_h(t) = u(kT)[1(t - kT) - 1(t - (k+1)T)] \tag{5.10}$$

入力が $u(T), u(2T), u(3T), \cdots$ と零次ホールドに連続して加えられるので，零次ホールドの出力 $u_h(t)$ はそれらをすべて加え

$$\bar{u}_h(t) = \sum_{k=0}^{\infty} u(kT) \left[1(t-kT) - 1(t-(k+1)T)\right] \tag{5.11}$$

となる。ラプラス変換すると

$$\begin{aligned}\bar{U}_h(s) &= \sum_{k=0}^{\infty} u(kT) \left(\frac{e^{-kTs}}{s} - \frac{e^{-(k+1)Ts}}{s}\right) \\ &= \frac{1-e^{-Ts}}{s} \sum_{k=0}^{\infty} u(kT) e^{-kTs}\end{aligned} \tag{5.12}$$

になり，式(5.8)を考慮すると零次ホールドの伝達関数 $H(s)$ は

$$H(s) = \frac{1-e^{-Ts}}{s} \tag{5.13}$$

となる。

図 **5.2** に零次ホールドを含めた制御対象の離散化を示す。

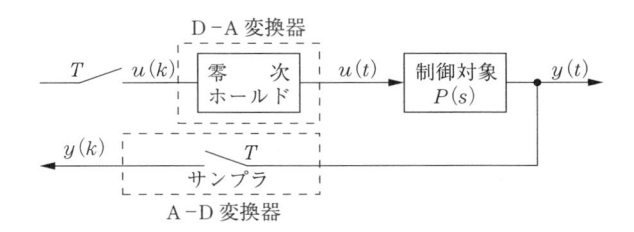

図 **5.2** 制御対象の離散化

ここで，連続時間系で表現されている制御対象 $P(s)$ のステップ応答を $y(t)$ とすると，離散時間系で表現された伝達関数 $P(z)$ は式(5.14)で求められる。

$$\begin{aligned}P(z) &= Z\left(\frac{1-e^{-Ts}}{s}P(s)\right) = Z\left(\frac{P(s)}{s}\right) - Z\left(\frac{e^{-Ts}P(s)}{s}\right) \\ &= Z\left(y(t)\right) - Z\left(y(t-T)\right) = Z\left(y(t)\right) - z^{-1}Z\left(y(t)\right) \\ &= \left(1-z^{-1}\right) Z\left(y(t)\right) = \left(1-z^{-1}\right) Z\left(\frac{P(s)}{s}\right)\end{aligned} \tag{5.14}$$

## 5.3 制御系に要求される仕様

図 **5.3** に示す制御対象 $P(z)$, コントローラ $H(z)$ から構成されるディジタルフィードバック制御系について考える.ここで,**目標値**(reference input)を $r(k)$,**外乱**(disturbance)を $d(k)$ とする.

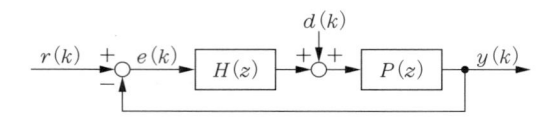

図 **5.3** ディジタルフィードバック制御系

図 **5.3** より目標値 $r(k)$ と制御対象の出力 $y(k)$ との**偏差**(error)$e(k)$ は

$$e(k) = r(k) - y(k) \tag{5.15}$$

となる.制御系を設計する場合,制御系の**定常特性**(steady–state behavior)と**過渡特性**(transient behavior)について考慮する必要がある.

### 5.3.1 定 常 特 性

〔**1**〕 **位置に対する定常偏差** 図 **5.3** において,簡単のため外乱 $d(k) = 0$ とすると,目標値から偏差までの伝達関数は

$$E(z) = \frac{1}{1+G(z)}R(z) \tag{5.16}$$

となる.ここで

$$G(z) = H(z)P(z)$$

とする.なお,$G(z)$ は**一巡伝達関数**(loop transfer function)と呼ばれる.ステップ応答における入力 1 と出力との定常偏差 $e_s = e(\infty)$ は,式(5.17)に示す $z$ 変換の最終値の定理および**表 3.1** を用いて求められる.

$$\lim_{k \to \infty} e(k) = \lim_{z \to 1} \frac{z-1}{z}E(z) = \lim_{z \to 1} \frac{z-1}{z}\left(\frac{1}{1+G(z)} \cdot \frac{z}{z-1}\right) \tag{5.17}$$

ここで，$k_p = G(1)$ とおくと

$$e(\infty) = \frac{1}{1+G(1)} = \frac{1}{1+k_p} \tag{5.18}$$

となる。$k_p$ は**位置偏差定数**（static position error constant）と呼ばれ，定常偏差を小さくするためには位置偏差定数 $k_p$ を大きくすればよい。

〔**2**〕**速度に対する定常偏差** 連続時間系における入力 $y(t) = t$ は，離散時間系では $y(kT) = kT$ で表される。このランプ入力と出力の定常偏差 $e_r = e(\infty)$ は，同様にして $z$ 変換の最終値の定理および**表 3.1** を用いて求められる。

$$\lim_{k \to \infty} e(k) = \lim_{z \to 1} \frac{z-1}{z} \left( \frac{1}{1+G(z)} \cdot \frac{Tz}{(z-1)^2} \right) \tag{5.19}$$

ここで

$$k_v = \lim_{z \to 1} \frac{(1+G(z))(z-1)}{T} = \lim_{z \to 1} \frac{G(z)(z-1)}{T} \tag{5.20}$$

とおくと

$$e(\infty) = \lim_{z \to 1} \frac{1}{1+G(z)} \cdot \frac{T}{z-1} = \frac{1}{k_v} \tag{5.21}$$

となる。$k_v$ は**定常速度偏差定数**（static velocity error constant）と呼ばれ，定常速度偏差を小さくするためには定常速度偏差定数 $k_v$ を大きくすればよい。

〔**3**〕**外乱に対する定常偏差** **図 5.3** に示すディジタルフィードバック制御系において，目標値 $r(k) = 0$ として外乱 $d(k)$ を入力としたときの制御対象の出力 $y(k)$ に関する伝達関数は

$$E(z) = \frac{P(z)}{1+G(z)} D(z) \tag{5.22}$$

となる。外乱がステップ状に制御系に混入した場合の定常偏差 $e_d = e(\infty)$ は式 (5.23) より求められる。

$$\lim_{k \to \infty} e(k) = \lim_{z \to 1} \frac{z-1}{z} E(z) = \lim_{z \to 1} \frac{z-1}{z} \left( \frac{P(z)}{1+G(z)} \cdot \frac{z}{z-1} \right) \tag{5.23}$$

式 (5.23) を整理すると

$$e(\infty) = \frac{P(1)}{1+G(1)} \tag{5.24}$$

ステップ状の外乱に対する定常偏差を小さくするためには，$G(1)$ を大きくすればよい．このためには $G(1) = H(1)P(1)$ の関係から，コントローラ $H(1)$ を大きくすればよい．積分演算の極は 1 であるから，コントローラに積分項が含まれれば $H(1) = \infty$ となり，偏差は 0 に収束する．

### 5.3.2 過渡特性

図 5.4 に制御系の過渡応答（ステップ応答）を示す．

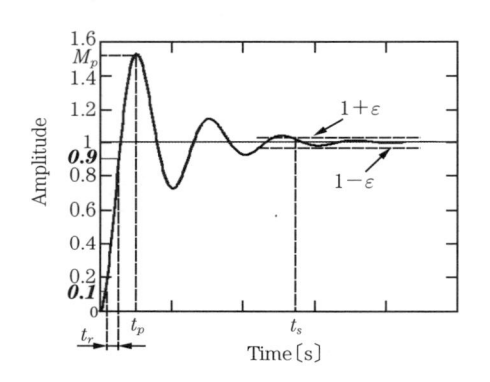

図 5.4 制御系のステップ応答

過渡応答に関する項目を以下に示す．

1) **立上り時間**（rise time）$t_r$　　ステップ応答が最終値の 10％から 90％までに要する時間であり，速応性の指標である．

2) **行過ぎ時間**（peak time）$t_p$　　ステップ応答が最初のピークに達する時間であり，速応性の指標である．

3) **整定時間**（settling time）$t_s$　　ステップ応答が最終値の $\varepsilon = \pm 5\%$ または $\varepsilon = \pm 2\%$ 以内に収束する時間である．

4) **行過ぎ量**（overshoot）$M_p$　　式(5.25)で表される．

$$p = \frac{M_p - y(\infty)}{y(\infty)} \quad \therefore \quad M_p = (p+1)y(\infty) \qquad (5.25)$$

5) **むだ時間**（time lag）　　制御系が応答しない時間である．

## 5.4 制御系の設計

### 5.4.1 ボード線図に基づいた制御系の安定判別

$s$ 領域で記述された伝達関数 $P(s)$ において $s$ を $j\omega$ と置き換えることにより,システムの周波数伝達関数 $P(j\omega)$ が求まる。$P(j\omega)$ は複素数で表現されるため,周波数 $\omega$ によりその大きさ(ゲイン)$|P(j\omega)|$ と偏角(位相)$\angle P(j\omega)$ が変化する。

横軸に対数で目盛られた周波数 $\omega$ をとり,縦軸にデシベル表示されたゲインおよび位相をとった図を**ボード線図**(Bode diagram)という。ボード線図はシステムの周波数特性を表現している。

一巡伝達関数 $G(s)$ の位相が $-180°$ になる周波数においてゲインが 1 より小さい場合,制御系は安定になる。ボード線図において位相が $-180°$ になる点を**位相交点**,そのときの周波数を**位相交点周波数**(phase crossover frequency)と呼ぶ。

ゲイン余裕は,一巡伝達関数の位相が $-180°$ になる周波数においてゲインが 1,すなわち,0 dB になるまでどのくらいの余裕があるかをデシベルで示したものである。ここに,ゲインが 1,すなわち,0 dB になる点を**ゲイン交点**,そのときの周波数を**ゲイン交点周波数**(gain crossover frequency)と呼ぶ。

位相余裕は,一巡伝達関数のゲインが 1,すなわち,0 dB になる周波数において位相が $-180°$ になるまでどのくらいの余裕があるかを示す。

### 5.4.2 根 軌 跡 法

連続時間系と同様に用いることができる。ただし,制御系の安定領域に関して,連続時間系では $s$ 平面($s$–plane)上の**左半平面**(left half plane)であったが,離散時間系では $z$ 平面($z$–plane)上の**単位円**(unit circle)の内部になる。

## 5. 伝達関数に基づいたディジタル制御系の設計

**例題 5.1** コントローラの伝達関数 $H(z)$ として定数ゲイン $k$ を考える。100 Hz の固有振動数で減衰係数が 0.2 の二次系に関する位置フィードバック系が発振しないようなゲインを根軌跡法により求めよ。また，そのときの閉ループ系の極およびステップ応答を求めよ。

**【解答】** MATLAB の M–ファイルを以下に示す。

```
wn=2*pi*100;
z=0.2;
num=[0 0 wn*wn];
den=[1 2*z*wn wn*wn];
[A,B,C,D]=tf2ss(num,den);
T=0.001;
[G,H]=c2d(A,B,T);
[numz,denz]=ss2tf(G,H,C,D);
t=0:0.01:2*pi;
x=sin(t);
y=cos(t);
plot(x,y,'w')
v=[-4 4 -4 4];
axis(v);
grid
hold on
rlocus(numz,denz);
[k,p]=rlocfind(numz,denz);
```

図 5.5 に根軌跡（root locus design method）を示す。

ここで，系が安定になるためには，単位円内の軌跡を選択する必要がある。単位円内の軌跡をマウスでクリックすると MATLAB のコマンドウインドウに選択した軌跡のときのゲイン $k$ とそのときの極 $p$ が表示される。

```
>> k
k =
    0.4132
>> p
p =
  0.6836 + 0.6142i
  0.6836 - 0.6142i
```

得られたゲインに基づいて

5.4 制御系の設計

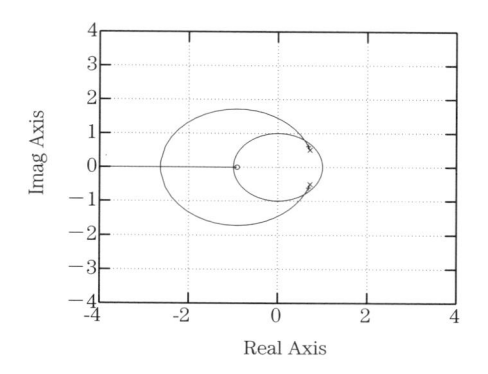

図 5.5 根 軌 跡

```
≫ [numz1,denz1]=series(numz,denz,k,1);
≫ [numzc,denzc]=feedback(numz1,denz1,1,1,-1);
≫ dstep(numzc,denzc,100);
≫ grid
```

により求めたステップ応答を図 5.6 に示す。

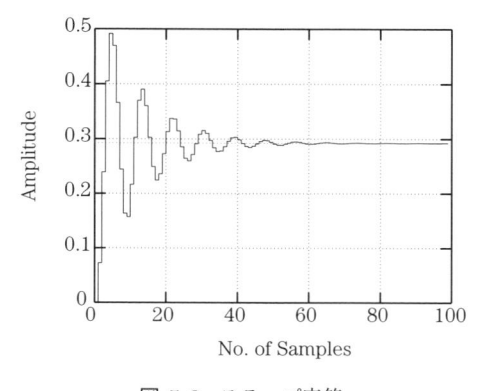

図 5.6　ステップ応答　　　　　　　　　　◇

### 5.4.3　連続時間系における位相進み補償

〔**1**〕**定 常 偏 差**　　図 5.7 に示す連続時間系におけるフィードバック制御系において，離散時間系と同様にして位置偏差定数 $k_p$, 定常速度定数 $k_v$ が定義される。

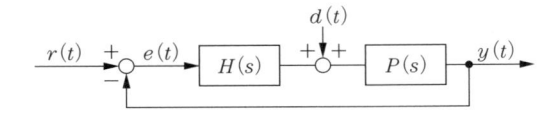

## 5. 伝達関数に基づいたディジタル制御系の設計

図 **5.7** フィードバック制御系

いま，$K_p$ および $K_v$ をそれぞれ

$$K_p = H(0)P(0) \tag{5.26}$$

$$K_v = \lim_{s \to 0} sH(s)P(s) \tag{5.27}$$

とすると，定常偏差 $e_s = e(\infty)$ は

$$e_s = e(\infty) = \frac{1}{1 + K_p} \tag{5.28}$$

となり，さらに，式(5.29)のように変形できる。

$$K_p = \frac{1}{e_s} - 1 \tag{5.29}$$

また，ランプ入力に関する偏差 $e_r$ は

$$e_r = e(\infty) = \frac{1}{K_v} \tag{5.30}$$

と定義される。

〔**2**〕**位相進み補償**　位相進み補償の伝達関数は

$$H(s) = K_c \frac{T_c s + 1}{\alpha T_c s + 1} \qquad 0 < \alpha < 1 \tag{5.31}$$

である。

---

**例題 5.2**　負荷を含めた DC モータの伝達関数を

$$P(s) = \frac{54.4}{s(s + 16)}$$

とする。位相余裕を 50°，3.4 rad/s のランプ入力における定常偏差が 0.01 rad になるようなコントローラを設計せよ。

---

【**解答**】　MATLAB を用いる。

(S1) $K_c$ の決定

$$K_v = \lim_{s\to 0} sH(s)P(s) = \lim_{s\to 0} sK_c \frac{1+T_c s}{1+\alpha T_c s} \cdot \frac{54.4}{s(s+16)} \quad (5.32)$$

$$= K_c \times \frac{54.4}{16} = 3.4 K_c \quad (5.33)$$

が得られる。一方,仕様より

$$\frac{3.4}{K_v} = 0.01 \quad (5.34)$$

となる。これから $K_c = 100$ が求まる。

(S2) $K_c P(s)$ のボード線図

```
>> num=[0 0 54.4];
>> den=[1 16 0];
>> Kc=100;
>> num=[0 0 54.4*Kc];
>> w=logspace(-1,2,100);
>> bode(num,den,w);
>> [M,P,w]=bode(num,den,w);
>> data=[20*log10(M),P,w'];
>> data(90:100,:)
```

により,補償前のボード線図を求める (図 **5.8**)。

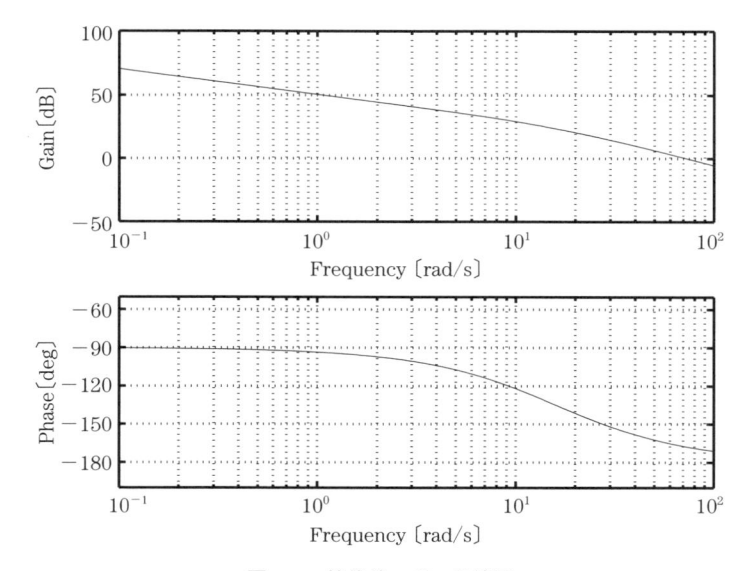

図 **5.8** 補償前のボード線図

```
  6.4061  -162.1786   49.7702
  5.2473  -163.3107   53.3670
  4.0820  -164.3788   57.2237
  2.9111  -165.3850   61.3591
  1.7352  -166.3318   65.7933
  0.5548  -167.2217   70.5480
 -0.6296  -168.0574   75.6463
 -1.8174  -168.8413   81.1131
 -3.0083  -169.5763   86.9749
 -4.2019  -170.2650   93.2603
 -5.3978  -170.9097  100.0000
```

これより,73 rad/s の近辺で 0 dB となる.そこで,位相余裕は 13°,ゲインマージンは $+\infty$ [dB] である.位相余裕を 50° にするためには,37° 位相を進める必要がある.

(S3) $\alpha$ の決定

式(5.31)で $\omega = 1/T_c\sqrt{\alpha}$ のとき,位相進みが最大になり,その最大値 $\phi_m$ と $\alpha$ との間にはよく知られている式(5.35)の関係がある.

$$\alpha = \frac{1 - \sin\phi_m}{1 + \sin\phi_m} \tag{5.35}$$

ところで,式(5.31)に示す位相進み補償を挿入すると一巡伝達関数の位相が全般に 5° 程度遅れる.そこで,仕様を満足するためにこの遅れを考慮して,位相進みの最大値 $\phi_m$ を 42° とする.式(5.35)より,$\alpha = 0.1982$ となる.

(S4) $T_c$ の決定

位相進みが最大になるときの伝達関数の大きさは次式で与えられる.

$$\left|\frac{1 + j\omega T_c}{1 + j\omega\alpha T_c}\right|_{\omega=\frac{1}{T_c\sqrt{\alpha}}} = \left|\frac{1 + j\dfrac{1}{\sqrt{\alpha}}}{1 + j\alpha\dfrac{1}{\sqrt{\alpha}}}\right| = \frac{1}{\sqrt{\alpha}} \tag{5.36}$$

$$\frac{1}{\sqrt{\alpha}} = \frac{1}{\sqrt{0.1982}} = 2.246 = 7.0\,\text{dB} \tag{5.37}$$

位相進みが最大になるときにゲインが 0 dB になれば,位相余裕が仕様を満たすことになる.そこで,図 **5.8** に示すボード線図において $-7$ dB になる周波数 $\omega_c$ を求める.

```
  2.9111  -165.3850   61.3591
  1.7352  -166.3318   65.7933
  0.5548  -167.2217   70.5480
 -0.6296  -168.0574   75.6463
 -1.8174  -168.8413   81.1131
```

## 5.4 制御系の設計

```
    -3.0083  -169.5763    86.9749
    -4.2019  -170.2650    93.2603
    -5.3978  -170.9097   100.0000
    -6.5958  -171.5131   107.2267
    -7.7956  -172.0776   114.9757
    -8.9969  -172.6054   123.2847
```

約 110 rad/s となる。そこで

$$\frac{1}{T_c} = \omega_c\sqrt{\alpha} = 110\sqrt{0.1982} = 48.97 \tag{5.38}$$

となり，伝達関数は次式となる。

$$H(s) = 100 \times \frac{s + 48.97}{0.1982s + 48.97} \tag{5.39}$$

```
≫ num=[0 0 54.4];
≫ den=[1 16 0];
≫ Kc=100;
≫ num=[0 0 54.4*Kc];
≫ numc=[1 48.97];
≫ denc=[0.1982 48.97];
≫ [NUM,DEN] = SERIES(numc,denc,num,den) ;
≫ w=logspace(0,3,100);
≫ bode(NUM,DEN,w);
```

により，補償後のボード線図を求める（図 **5.9**）。

さらに，細部を見るため

```
≫ [M,P,w]=bode(NUM,DEN,w);
≫ data=[20*log10(M),P,w'];
≫ data(60:70,:)
```

により

```
     6.7505  -127.9248    61.3591
     5.9171  -127.9034    65.7933
     5.0934  -127.9235    70.5480
     4.2784  -127.9975    75.6463
     3.4709  -128.1365    81.1131
     2.6695  -128.3505    86.9749
     1.8725  -128.6479    93.2603
     1.0783  -129.0357   100.0000
     0.2850  -129.5193   107.2267
    -0.5094  -130.1025   114.9757
    -1.3067  -130.7872   123.2847
```

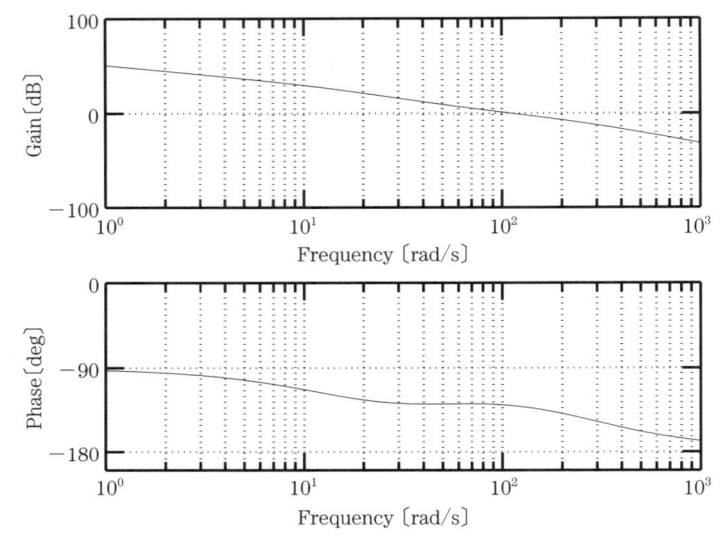

## 5. 伝達関数に基づいたディジタル制御系の設計

**図 5.9** 補償後のボード線図

が得られ，位相余裕が $50°$ であることがわかる。 ◇

**例題5.2** に関して，補償前後のステップ応答を図 **5.10** に示す。

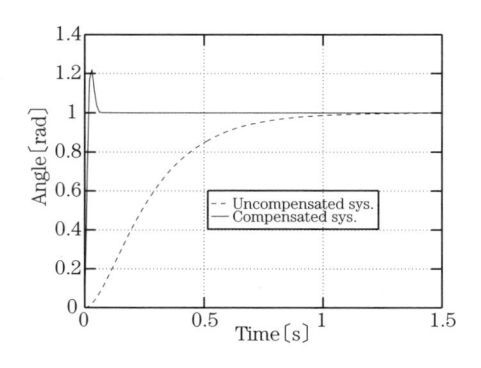

**図 5.10** 補償前後のステップ応答

```
[NUMF,DENF]=feedback(NUM,DEN,1,1,-1);%feedback
num=[0 0 54.4];%plant
den=[1 16 0];
[numf,denf]=feedback(num,den,1,1,-1);%feedback
```

## 5.4 制御系の設計

```
t=0:0.01:1.5;
y=step(numf,denf,t);
yc=step(NUMF,DENF,t);
legend('Uncompensated sys.','Compensated sys.');
v=[0 2 0 1.5];
axis(v);
plot(t,y,'--',t,yc)
```

により示す。

また，ランプ応答およびそのときの偏差を図 5.11 および図 5.12 に示す。これらの応答より目標仕様を満たしていることがわかる。

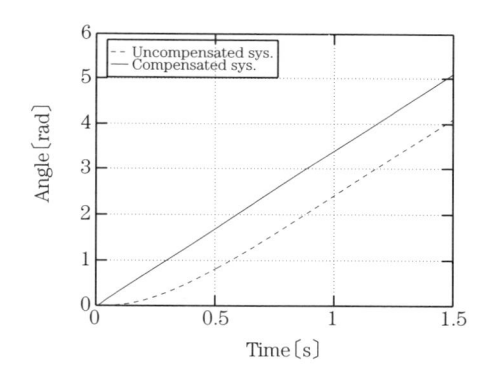

図 5.11 ランプ応答

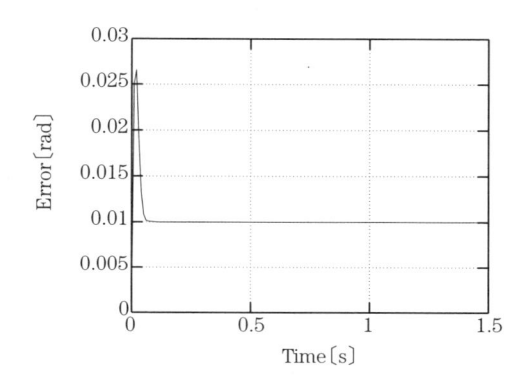

図 5.12 ランプ入力における偏差

108    5. 伝達関数に基づいたディジタル制御系の設計

〔**3**〕 **連続時間系の離散時間系近似**　例題5.2において，位相進み補償の伝達関数は

$$H(s) = 100 \times \frac{s + 48.97}{0.1982s + 48.97} \tag{5.40}$$

と求められた。

---

**例題 5.3**　式(5.40)に示す伝達関数を零次ホールドで離散化せよ。

---

【解答】　サンプリング周期$T$を決定する必要がある。経験上，閉ループ系の時定数の1/10程度に設定する。前節においてMATLABを用いて得られたフィードバック制御系の伝達関数の分母DENFから極を関数rootsを用いて求める。

```
≫ roots(DENF)
≫ roots(DENF)
ans=
 -91.3170 +91.4898i
 -91.3170 -91.4898i
 -80.4396
```

となり，その大きさは

```
≫ abs(ans)
ans=
   129.2640
   129.2640
    80.4396
```

となる。

そこで，最も小さい時定数$T_c$は$1/130 = 0.0077$ sとなる。ここで，サンプリング周期$T$をこの時定数の約1/10の1 msに設定する。ゲイン$K_c$を除いた部分を離散化するとコントローラの伝達関数は

```
≫ [A,B,C,D]=tf2ss(numc,denc);
≫ T=0.001;
≫ [G,H]=c2d(A,B,T);
≫ [numcz,dencz]=ss2tf(G,H,C,D);
```

により

$$H(z) = 100 \times \frac{5.0454z - 4.8265}{z - 0.7811} \tag{5.41}$$

となる。　　　　　　　　　　　　　　　　　　　　　　　　　　　◇

## 5.4 制御系の設計

Simulinkを利用して，コントローラおよび制御対象は，それぞれ離散時間系および連続時間系により記述し，シミュレーションを実施した（図 **5.13**）。ステップ応答を図 **5.14** 示す。

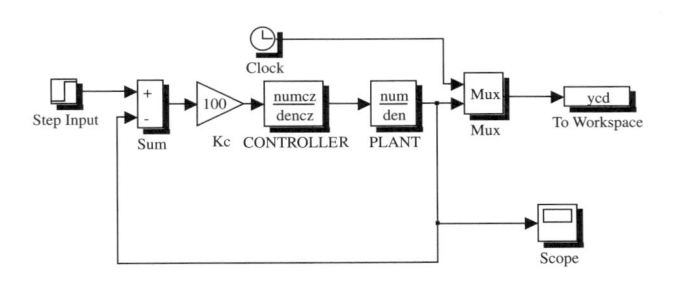

図 **5.13** Simulinkによるディジタルフィードバック制御系

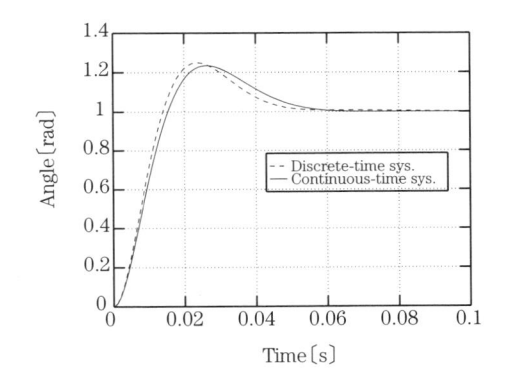

図 **5.14** ステップ応答

コントローラが連続時間系のときの応答と異なるので，サンプリング周期 $T$ を 0.1 ms に設定すると，図 **5.15** のようなステップ応答になり，連続時間系の応答とほぼ一致する。このように，連続時間系で設計されたコントローラを離散時間系で置き換える場合にはサンプリング周期 $T$ を系の時定数に対して十分に短く設定する必要がある。

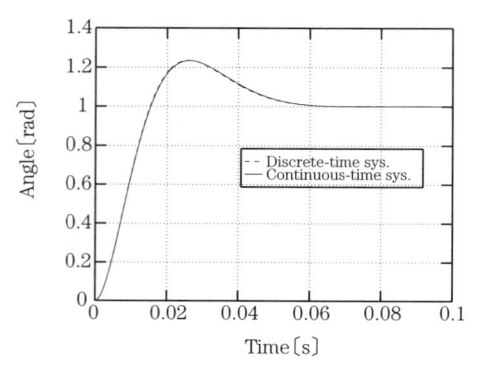

図 5.15 ステップ応答

### 5.4.4 $w$ 変換の特徴

$w$ 変換（$w$–transformation）と呼ばれる双一次変換を用いて，コントローラの設計を $z$ 平面上ではなく，$w$ 平面上で行う手法について述べる。$w$ オペレータ（$w$–operator）は式(5.42)で定義される。

$$w = \frac{2}{T} \cdot \frac{z-1}{z+1} \tag{5.42}$$

逆 $w$ オペレータ（inverse $w$–operator）は式(5.43)で定義される。

$$z = \frac{1 + (T/2)w}{1 - (T/2)w} \tag{5.43}$$

つぎに，$w$ 変換の性質を知るために連続時間系で表現された一次遅れ系を考える。

$$P(s) = \frac{a}{s+a} \tag{5.44}$$

サンプリング周期 $T$ を用いて零次ホールドにより離散化する。

$$P(z) = \frac{1 - e^{-aT}}{z - e^{-aT}} \tag{5.45}$$

この式を式(5.43)を用いて $w$ 変換する。

$$P(w) = \frac{1 - e^{-aT}}{\dfrac{1 + (T/2)w}{1 - (T/2)w} - e^{-aT}} = \frac{\dfrac{2}{T} \cdot \dfrac{1 - e^{-aT}}{1 + e^{-aT}} \left(1 - \dfrac{T}{2}w\right)}{w + \dfrac{2}{T} \cdot \dfrac{1 - e^{-aT}}{1 + e^{-aT}}} \tag{5.46}$$

そこで，$w$ 平面上の極 $p_w$ と零点 $q_w$ は
$$p_w = -\frac{2}{T}\cdot\frac{1-e^{-aT}}{1+e^{-aT}} \qquad q_w = \frac{2}{T}$$
となる。

ここで，サンプリング周期 $T$ を零に近づけると
$$\lim_{T\to 0} P_w = \frac{a}{w+a} \tag{5.47}$$
となり，連続時間系の伝達関数に近づいていくことがわかる。一方，連続時間系の表現には存在しない**零点** $q_w$ はサンプリングにより発生したものである。さらに，式(5.42)の関係から，$w$ 平面上の角周波数 $\nu$〔rad/s〕と $s$ 平面の角周波数 $\omega$〔rad/s〕の関係が求められる。

$$\begin{aligned}j\nu &= \frac{2}{T}\cdot\frac{e^{j\omega T}-1}{e^{j\omega T}+1} = \frac{2}{T}\cdot\frac{e^{(1/2)j\omega T}\left(e^{(1/2)j\omega T}-e^{-(1/2)j\omega T}\right)}{e^{(1/2)j\omega T}\left(e^{(1/2)j\omega T}+e^{-(1/2)j\omega T}\right)}\\ &= \frac{2}{T}j\tan\frac{\omega T}{2}\end{aligned} \tag{5.48}$$

が成り立つ。

式(5.48)を整理すると
$$\nu = \frac{2}{T}\tan\frac{\omega T}{2} \tag{5.49}$$
となる。$\omega T$ が小さいときには $\nu \approx \omega$ となり，$s$ 平面と $w$ 平面の角周波数は同一になる。また，**4.2.4**項より $w$ 変換では $z$ 平面上の単位円は $w$ 平面の虚軸になり，その内部は $w$ 平面上の左半平面になる。これらの性質から，$w$ 平面上でのコントローラの設計に際して，連続時間系における各種の設計手法が応用できる。

### 5.4.5　$w$ 変換に基づいた位相進み補償

(S1) バンド幅など $s$ 平面上で表現された角周波数 $\omega$〔rad/s〕の仕様を式(5.49)を用いて $w$ 平面上での角周波数 $\nu$〔rad/s〕の仕様に変換する。

(S2) 制御対象の伝達関数 $P(s)$ を零次ホールドにより離散化して $P(z)$ を求める。

(S3)　$P(z)$ を $w$ 変換する。

(S4)　連続時間系における制御系の設計手法により $w$ 平面上コントローラ $H(w)$ を設計する。

(S5)　逆 $w$ 変換により離散時間系，すなわち，$z$ 平面上のコントローラ $H(z)$ に変換する。

---

**例題 5.4**　つぎに示す $w$ 平面上で表現された位相進み補償について，**例題5.2** に示す仕様に基づき制御系を設計せよ。
$$H(w) = K_c \frac{T_c w + 1}{\alpha T_c w + 1} \qquad 0 < \alpha < 1$$

---

【**解答**】　MATLAB を用いる。

(S1)　ここでは変換が必要な仕様はない。

(S2)　連続時間系に基づいた閉ループ系の時定数からサンプリング周期 $T$ を $1\,\mathrm{ms}$ に設定する。

```
≫ nump=[0 0 54.4];
≫ denp=[1 16 0];
≫ [A,B,C,D]=tf2ss(nump,denp);
≫ T=0.001;
≫ [G,H]=c2d(A,B,T);
≫ [numpz,denpz]=ss2tf(G,H,C,D);
```

より，$P(z)$ はつぎのようになる。

```
numpz=
   1.0e-04 *
         0    0.2706    0.2691
denpz=
    1.0000   -1.9841    0.9841
```

(S3)
```
≫ [numpw,denpw]=d2cm(numpz,denpz,T,'t')
numpw=
   -0.0000   -0.0271   54.3988
denpw=
    1.0000   15.9997   -0.0000
```

を得る。

(S4) (S4.1) $K_c$ の決定

連続時間系の設計と同様にして $K_c$ を求める。

$$K_v = \lim_{w \to 0} w H(w) P(w)$$
$$= \lim_{w \to 0} w K_c \frac{1 + T_c w}{1 + \alpha T_c w} \cdot \frac{-0.0271w + 54.3988}{w(w + 15.9997)} \quad (5.50)$$

となり

$$K_v = K_c \times \frac{54.3988}{15.9997} = 3.4 K_c \quad (5.51)$$

が得られる。一方,仕様から

$$\frac{3.4}{K_v} = 0.01 \quad (5.52)$$

となり, $K_c = 100$ が求まる。

(S4.2) $\alpha$ の決定

$K_c * P(w)$ に関するボード線図を描く(**図 5.16**)。

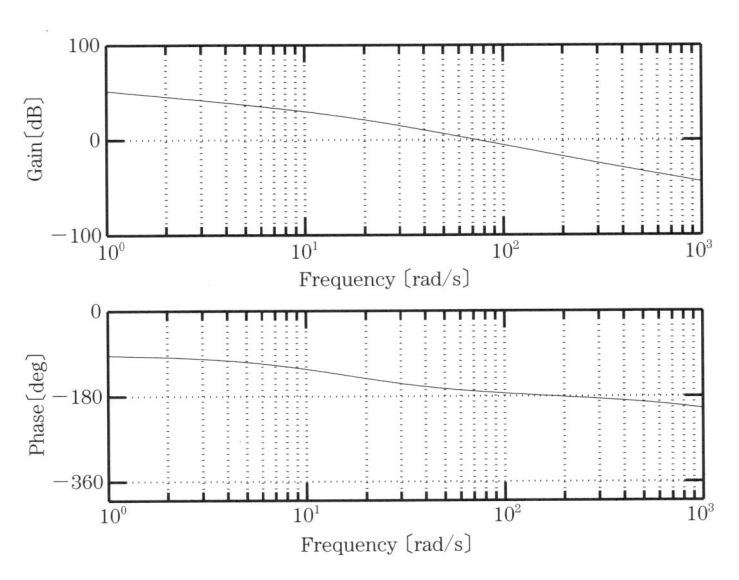

図 **5.16** $w$ 平面上でのボード線図

```
>> [numpw,denpw]=d2cm(numpz,denpz,T,'t')
>> Kc=100;
>> numpwk=Kc.*numpw;%Kc*P(w)
>> w=logspace(0,3,100);
>> bode(numpwk,denpw,w);
```

位相余裕を求めるため，領域を拡大して表示する．

```
>> [numpw,denpw]=d2cm(numpz,denpz,T,'t')
>> [M,P,w]=bode(numpwk,denpw,w);
>> data=[20*log10(M),P,w']
>> data(90:100,:);
    2.9150  -167.1379    61.3591
    1.7397  -168.2112    65.7933
    0.5600  -169.2368    70.5480
   -0.6236  -170.2179    75.6463
   -1.8105  -171.1578    81.1131
   -3.0003  -172.0600    86.9749
   -4.1926  -172.9278    93.2603
   -5.3871  -173.7647   100.0000
   -6.5835  -174.5740   107.2267
   -7.7814  -175.3592   114.9757
   -8.9806  -176.1236   123.2847
```

または，関数 margin を使用する．

```
>> [numpw,denpw]=d2cm(numpz,denpz,T,'t')
>> [[mag,phase,w]=bode(numpwk,denpw,w);
>> [Gm,Pm,Wcg,Wcp] = margin(mag,phase,w)
Gm=
    5.8980
Pm=
   10.2990
Wcg=
  179.1238
Wcp=
   72.9159
```

これより，位相余裕は約 $10°$ であるため，位相余裕が $50°$ になるためには $40° + 5°$ 位相を進める必要がある．

```
>> [numpw,denpw]=d2cm(numpz,denpz,T,'t')
>> alpha=(1-sin(45*pi/180))/(1+sin(45*pi/180));%40+5 deg
>> gain=20*log10(1/sqrt(alpha));
```

より $\alpha = 0.1716$ とそのときのゲインは $7.7\,\mathrm{dB}$ を得る．

(S4.3) $T_c$ の決定

図 **5.16** に示すボード線図より $-7.0\,\mathrm{dB}$ になる角周波数を探すと $114\,\mathrm{rad/s}$ であり

```
>> [numpw,denpw]=d2cm(numpz,denpz,T,'t')
```

```
>> invT=sqrt(alpha)*114;
```

より，$1/T_c = 47.22$ が得られる．以上より，$w$ 平面上の伝達関数は

$$H(w) = 100 \times \frac{w + 47.22}{0.1716w + 47.22} \tag{5.53}$$

となる．

(S5) $z$ 平面上の伝達関数に変換

$w$ 平面上の伝達関数を $z$ 平面上の伝達関数に変換する．

```
>> [numpw,denpw]=d2cm(numpz,denpz,T,'t')
>> numcw=[1 invT];
>> dencw=[alpha invT];
>> [numcz,dencz]=c2dm(numcw,dencw,T,'t')
```

により

$$H(z) = 100 \times \frac{5.2444z - 5.0024}{z - 0.7581} \tag{5.54}$$

となる． ◇

Simulink を利用して，コントローラおよび制御対象は，それぞれ離散時間系および連続時間系により記述し，シミュレーションを実施した．図 **5.17** にステップ応答を示す．連続時間系により近い応答になる．

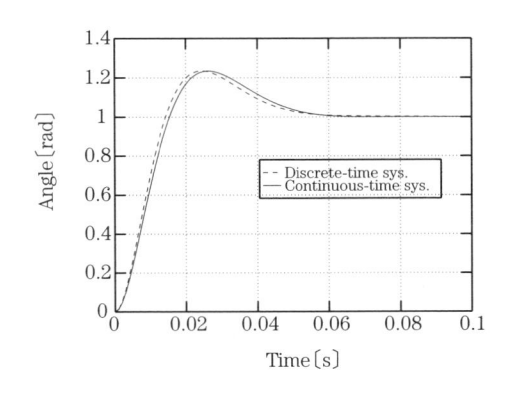

図 **5.17** ステップ応答

図 **5.18** に連続時間系で設計したコントローラを零次ホールドにより離散化したときのステップ応答を示す．ここに，サンプリング周期 $T$ は $2\,\mathrm{ms}$ に設定した．

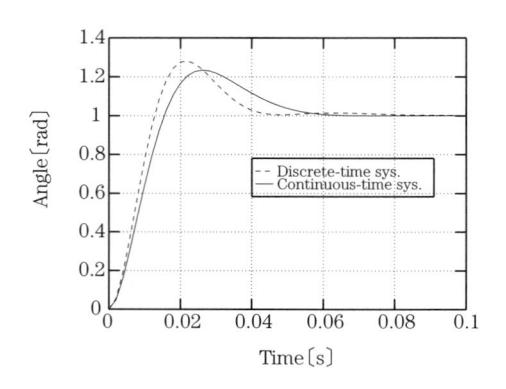

図 5.18 ステップ応答

図 **5.19** に $w$ 変換を用いてコントローラを設計した場合のステップ応答を示す。同一のサンプリング周期では $w$ 変換を用いて設計した場合のほうが連続時間系に近い応答が得られる。

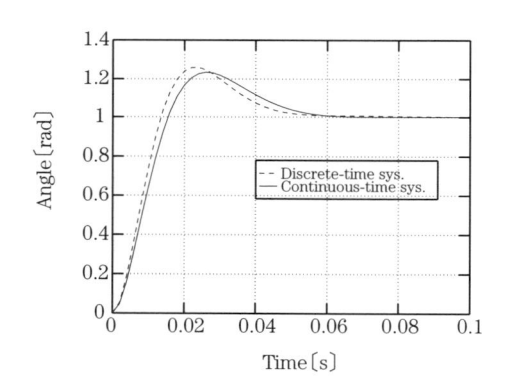

図 5.19 ステップ応答

### 5.4.6 位相遅れ補償

$w$ 平面上での位相遅れ補償の伝達関数は

$$H(w) = K_c \frac{1 + \alpha T_c w}{1 + T_c w} \qquad 0 < \alpha < 1 \tag{5.55}$$

で与えられる。

## 5.4 制御系の設計

**例題 5.5** 制御対象の伝達関数を
$$P(s) = \frac{54.4}{s(s+16)}$$
とすると，位相余裕を $50°$，$3.4\,\mathrm{rad/s}$ のランプ入力における定常偏差が $0.01\,\mathrm{rad}$ になるような位相遅れ補償を用いたコントローラを $w$ 平面上で設計せよ．

【解答】
(S1) ここでは，変換が必要な仕様はない．
(S2) 連続時間系に基づいた閉ループ系の時定数からサンプリング周期 $T$ を $1\,\mathrm{ms}$ に設定する．

```
≫ nump=[0 0 54.4];
≫ denp=[1 16 0];
≫ [A,B,C,D]=tf2ss(nump,denp);
≫ T=0.001;
≫ [G,H]=c2d(A,B,T);
≫ [numpz,denpz]=ss2tf(G,H,C,D);
```

より，$P(z)$ は以下になる．

```
numpz=
    1.0e-04 *
         0    0.2706    0.2691
denpz=
    1.0000   -1.9841    0.9841
```

(S3)
```
≫ [numpw,denpw]=d2cm(numpz,denpz,T,'t')
numpw=
   -0.0000   -0.0271   54.3988
denpw=
    1.0000   15.9997   -0.0000
```
を得る．

(S4) (S4.1) $K_c$ の決定
連続時間系の設計と同様にして $K_c$ を求める．
$$\begin{aligned} K_v &= \lim_{w \to 0} w H(w) P(w) \\ &= \lim_{w \to 0} w K_c \frac{1 + \alpha T_c w}{1 + T_c w} \cdot \frac{-0.0271 w + 54.3988}{w(w + 15.9997)} \end{aligned} \tag{5.56}$$

となり
$$K_v = K_c \times \frac{54.3988}{15.9997} = 3.4K_c \tag{5.57}$$
が得られる。

一方,仕様から
$$\frac{3.4}{K_v} = 0.01 \tag{5.58}$$
となる。これから $K_c = 100$ が求まるので,$K_c \times P(w)$ に関するボード線図を描く(図 **5.20**)。

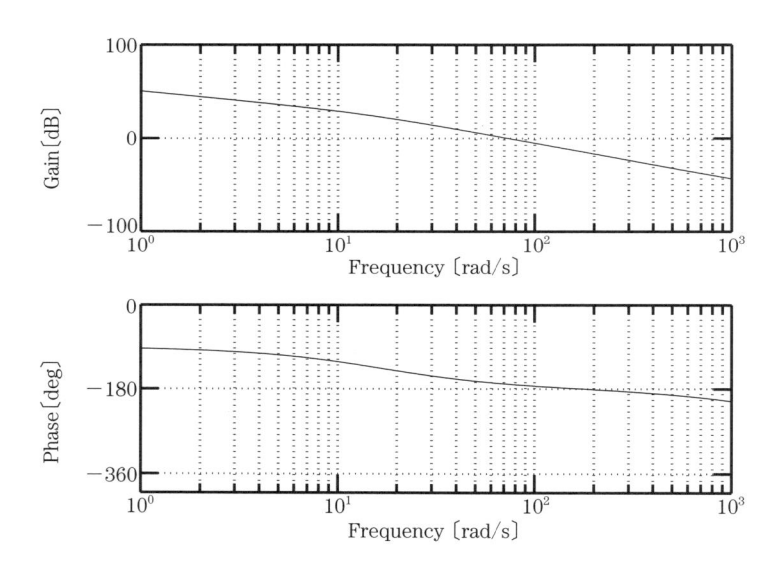

図 **5.20**  $w$ 平面上でのボード線図

```
≫ [numpw,denpw]=d2cm(numpz,denpz,T,'t')
≫ Kc=100;
≫ numpwk=Kc.*numpw;%Kc*P(s)
≫ w=logspace(0,3,100);
≫ bode(numpwk,denpw,w);
```

(S4.2) 周波数 $\omega_{gc}$ の決定

仕様では位相余裕が $50°$ となっているが,位相遅れ補償器を挿入する際に生じる位相遅れ約 $5°$ を考慮して,位相余裕が $55°$ になる周波数 $\omega_{gc}$ を図 **5.20** より求める。領域を拡大して表示する。

## 5.4 制御系の設計

```
≫ [numpw,denpw]=d2cm(numpz,denpz,T,'t')
≫ [M,P,w]=bode(numpwk,denpw,w);
≫ data=[20*log10(M),P,w']
≫ data(30:40,:)
   32.1777  -115.5209    7.5646
   31.4544  -117.1153    8.1113
   30.7174  -118.7772    8.6975
   29.9655  -120.5039    9.3260
   29.1975  -122.2916   10.0000
   28.4125  -124.1356   10.7227
   27.6094  -126.0300   11.4976
   26.7874  -127.9681   12.3285
   25.9456  -129.9423   13.2194
   25.0834  -131.9440   14.1747
   24.2004  -133.9644   15.1991
```

$\omega_{gc}$ は約 $11\,\mathrm{rad/s}$ となり，そのときのゲインは約 $28\,\mathrm{dB}$ となる。

(S4.3) $\alpha$ の決定

仕様より $\omega_{gc}$ においてゲインが $0\,\mathrm{dB}$ になる必要がある。上記よりゲインが約 $28\,\mathrm{dB}$ となるので，$K_c$ を除いた位相遅れ補償器のゲインが $\omega_{gc} = 11\,\mathrm{rad/s}$ のときに $-28\,\mathrm{dB}$ になればよい。周波数が高いときの $K_c$ を除いた位相遅れ補償器のゲインは $20\log_{10}\alpha$ で与えられる。そこで

$$20\log_{10}\alpha = -28 \tag{5.59}$$

から $\alpha = 0.0398$ が求まる。

(S4.4) $T$ の決定

$K_c$ を除いた位相遅れ補償器のゲインは角周波数 $1/T_c$ 〔rad/s〕近辺から下がり始め，角周波数 $1/\alpha T_c$ 〔rad/s〕近辺で下げ止まる。そこで，このゲインの変動が $\omega_{gc}$ 近辺から十分に離れた角周波数で発生するように，一般に角周波数 $1/\alpha T_c$ 〔rad/s〕は $\omega_{gc}$ の $1/10$ に設定する。

$$\frac{1}{\alpha T_c} = \frac{\omega_{gc}}{10} \tag{5.60}$$

式 $(5.60)$ を $T_c$ について解くと

$$T_c = \frac{10}{\alpha\,\omega_{gc}} = \frac{10}{0.0398 \times 11} = 22.84 \tag{5.61}$$

以上より，$w$ 平面上の伝達関数は

$$H(w) = 100 \times \frac{0.0398w + 0.0438}{w + 0.0438} \tag{5.62}$$

となる。

さて，求められた位相遅れ補償器が目標の仕様を満たしているか確認してみ

## 5. 伝達関数に基づいたディジタル制御系の設計

よう。以下により補償後のボード線図を求める（図 **5.21**）。

```
≫ [numw,denw]=series(numpwk,denpw,numcw,dencw);
≫ w=logspace(0,3,100);
≫ bode(numw,denw,w);
≫ [mag,phase,w]=bode(numw,denw,w);
≫ [Gm,Pm,Wcg,Wcp] = margin(mag,phase,w)
Gm=
    138.3687
Pm=
    49.3819
Wcg=
    173.0629
Wcp=
    11.1547
```

目標仕様を満たしていることがわかる。

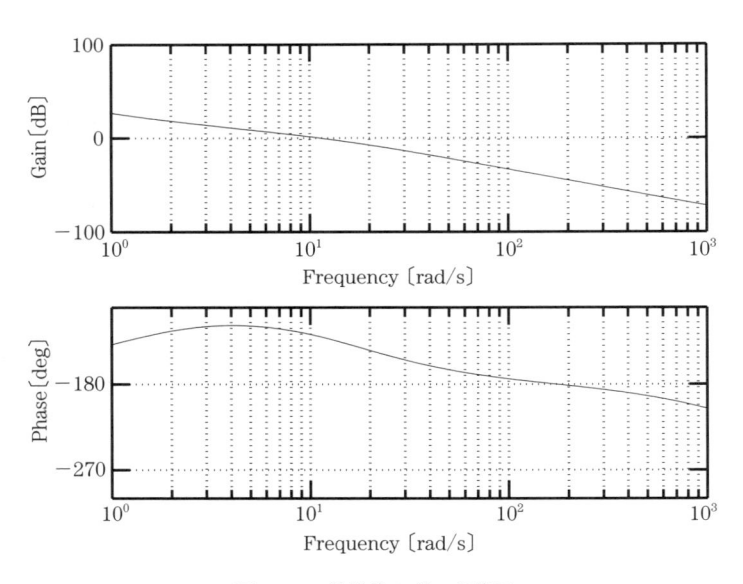

図 **5.21** 補償後のボード線図

(S5) $z$ 平面上の伝達関数への変換

$w$ 平面上の伝達関数を $z$ 平面上の伝達関数に変換する。

```
≫ [numpw,denpw]=d2cm(numpz,denpz,T,'t')
≫ numcw=[1 invT];
```

```
>> dencw=[alpha invT];
>> [numcz,dencz]=c2dm(numcw,dencw,T,'t')
```
により

$$H(z) = 100 \times \frac{3.98z - 3.98}{z - 1.000} \tag{5.63}$$

◇

Simulink を利用して，コントローラ及び制御対象は，それぞれ，離散時間系および連続時間系により記述し，シミュレーションを実施した．ステップ応答を図 **5.22** に示す．

また，目標を $3.4\,\mathrm{rad/s}$ で変化させたときのランプ応答の偏差を図 **5.23** に示す．

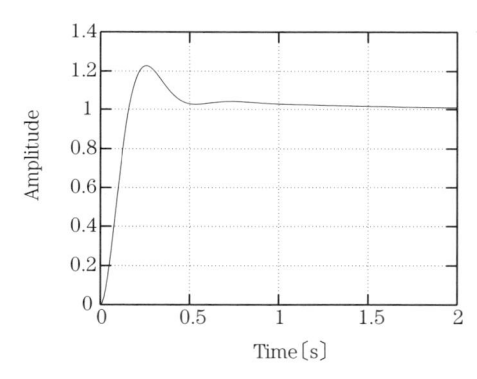

図 **5.22** ステップ応答

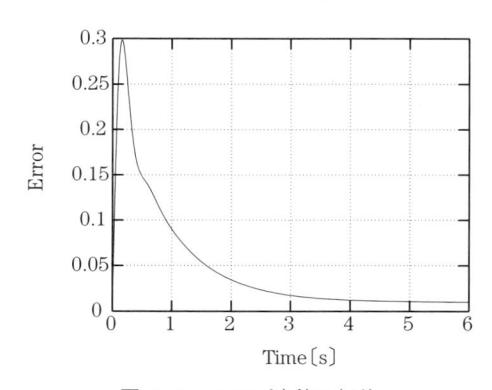

図 **5.23** ランプ応答の偏差

図 5.23 より 3.4 rad/s のランプ入力における定常偏差が 0.01 rad という仕様を満たしている。

### 5.4.7 位相進み遅れ補償

$w$ 平面上での位相進み遅れ補償の伝達関数は，式 (5.64) で与えられる。

$$H(w) = K_c \left( \frac{1 + \alpha T_2 w}{1 + T_2 w} \right) \left( \frac{T_1 w + 1}{\alpha T_1 w + 1} \right) \quad 0 < \alpha < 1 \quad (5.64)$$

---

**例題 5.6** 制御対象の伝達関数を

$$P(s) = \frac{54.4}{s(s+16)}$$

とすると，位相余裕を 50°，3.4 rad/s のランプ入力における定常偏差が 0.01 rad になるような位相進み遅れ補償を用いたコントローラを $w$ 平面上で設計せよ。

---

【解答】 位相進み補償や位相遅れ補償と同様にして設計する。
(S1) ゲイン交点 $\omega_{cg}$

仕様から $K_c = 100$ が求まり，制御対象にこの補償器のゲイン $K_c$ を乗じたときのボード線図を描く。

```
≫ [numpw,denpw]=d2cm(numpz,denpz,T,'t')
≫ nump=[0 0 54.4];
≫ denp=[1 16 0];
≫ [A,B,C,D]=tf2ss(nump,denp);
≫ T=0.001;
≫ [G,H]=c2d(A,B,T);
≫ [numpz,denpz]=ss2tf(G,H,C,D);
≫ [numpw,denpw]=d2cm(numpz,denpz,T,'t');
≫ Kc=100;
≫ numpwk=Kc.*numpw;%Kc*P(s)
≫ w=logspace(0,3,100);
≫ bode(numpwk,denpw,w)
≫ [mag,phase,w]=bode(numpwk,denpw,w);
≫ [Gm,Pm,Wcg,Wcp] = margin(mag,phase,w)
Gm=
      5.8980
Pm=
```

```
            10.2990
     Wcg=
            179.1238
     Wcp=
            72.9159
```

関数 margin を用いて $\omega_{cg}$ は 179.1 rad/s が得られる。

(S2) 位相進み補償における $\alpha$ の決定

仕様より $\omega_{cg}$ において，位相余裕が約 50° になればよい。位相余裕が 50° になるためには，補償器の挿入による位相遅れを考慮して，50° + 5° 位相を進める必要がある。式 (5.35) より $\alpha = 0.0994$ となる。

(S3) 位相遅れ補償における $T_1$ の決定

位相遅れ補償器の位相遅れが $\omega_{cg}$ においてほとんど影響を与えないために式 (5.61) より $T_1$ が 0.5616 と求まる。

(S4) 位相進み補償における $T_2$ の決定

式 (5.37) より位相進みが最大になるときのゲインは 10 dB となる。そこで，このときに $-10$ dB になるように $T_2$ を決定すればよい。

まず，補償器のゲイン $K_c$，プラントおよび位相遅れ部分の伝達関数に関するボード線図を描く。

```
  ≫ [numpw,denpw]=d2cm(numpz,denpz,T,'t')
  ≫ invT1=alpha*Wcg/10;
  ≫ numlagw=[alpha invT1];
  ≫ denlagw=[1 invT1];
  ≫ [numlagpw,denlagpw]=series(numlagw,denlagw,numpwk,denpw);
  ≫ w=logspace(0,3,100);
  ≫ bode(numlagpw,denlagpw,w);
  ≫ [M,P,w]=bode(numlagpw,denlagpw,w);
  ≫ data=[20*log10(M),P,w'];
  data(50:60,:)
  ans=
       -4.5162  -180.2782    30.5386
       -5.7500  -180.4618    32.7455
       -6.9821  -180.6306    35.1119
       -8.2126  -180.7875    37.6494
       -9.4415  -180.9350    40.3702
      -10.6689  -181.0757    43.2876
      -11.8947  -181.2118    46.4159
      -13.1191  -181.3454    49.7702
      -14.3421  -181.4784    53.3670
```

```
-15.5639  -181.6126    57.2237
-16.7845  -181.7495    61.3591
```

$-10\,\mathrm{dB}$ になるのは，$\omega_c$ が約 $41.8\,\mathrm{rad/s}$ のときである．式 $(5.38)$ より $T_2$ は $0.0759$ となる．以上より，位相進み遅れ補償の伝達関数は

$$H(w) = 100 \left( \frac{1.7807 + 0.0994w}{1.7807 + w} \right) \left( \frac{13.1795 + w}{13.1795 + 0.0994w} \right)$$

(5.65)

となる．

さて，求められた位相遅れ補償器が目標の仕様を満たしているか確認してみよう．以下によりボード線図を求める（図 **5.24**）．

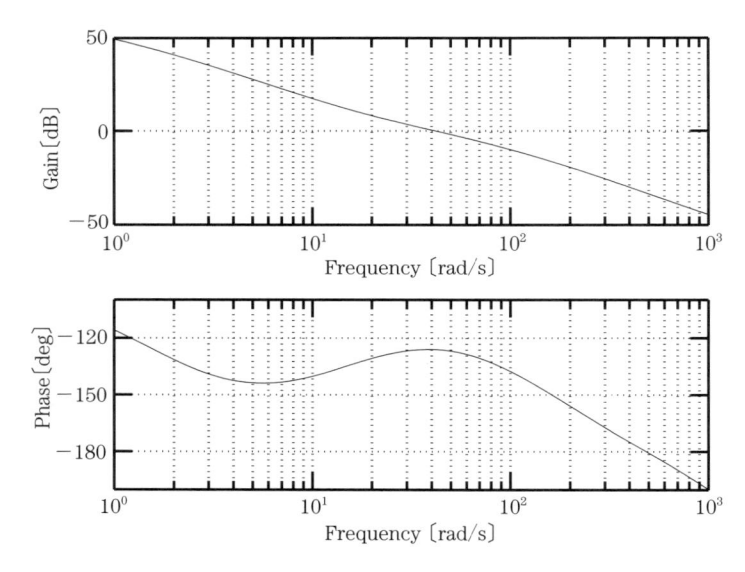

図 **5.24** 補償後のボード線図

```
>> T2=1/(41.8*sqrt(alpha));%-10dB at 41.8rad/s
>> invT2=1/T2;
>> numleadw=[1 invT2];
>> denleadw=[alpha invT2];
%compasated
>> [numw,denw]=series(numlagpw,denlagpw,numleadw,denleadw);
>> w=logspace(0,3,100);
>> bode(numw,denw,w);
```

```
>> [mag,phase,w]=bode(numw,denw,w);
>> [Gm,Pm,Wcg,Wcp] = margin(mag,phase,w)
Gm=
    43.9264
Pm=
    53.9839
Wcg=
    487.2704
Wcp=
    41.6876
```

位相余裕は約 54° である．補償器の挿入による位相遅れがほとんどなく，その遅れを考慮した 5° だけ仕様より位相が進んでいる．

(S5) $z$ 平面上の伝達関数へ変換

$w$ 平面上の伝達関数を $z$ 平面上の伝達関数に変換する．

```
>> [numcw,dencw]=series(numlagw,denlagw,numleadw,denleadw);
>> [numcz,dencz]=c2dm(numcw,dencw,T,'t')
```

により

$$H(z) = 100 \times \frac{0.9516z^2 - 1.8739z + 0.9225}{z^2 - 1.8739z + 0.8741} \tag{5.66}$$

が得られる． ◇

Simulink を利用して，コントローラおよび制御対象は，それぞれ離散時間系および連続時間系により記述し，シミュレーションを実施した．ステップ応答を図 **5.25** に示す．

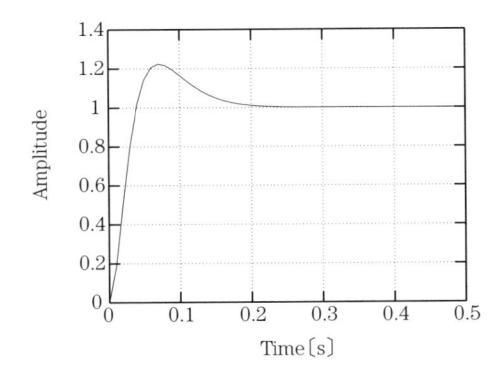

図 **5.25** ステップ応答

また，目標を 3.4 rad/s で変化させたときのランプ応答を図 **5.26** に，そのときの偏差を図 **5.27** に示す。

図 **5.27** より 3.4 rad/s のランプ入力における定常偏差が 0.01 rad という仕様を満たしている。

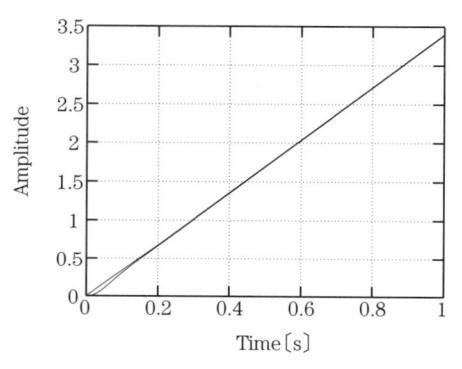

図 **5.26** ランプ応答

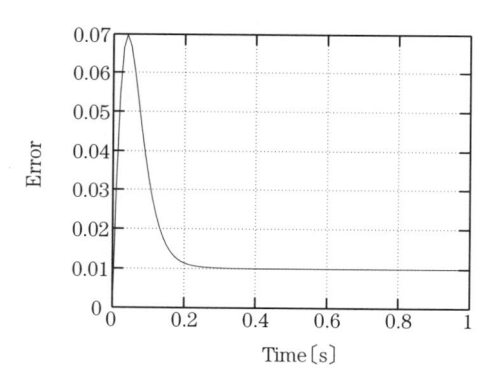

図 **5.27** ランプ入力における偏差

### 5.4.8　PID　制　御

$w$ 平面上での PID（proportional, integration and differential）コントローラは式(5.67)で与えられる。

$$H(w) = k_p + k_i \frac{1}{w} + k_d w = \frac{k_d w^2 + k_p w + k_i}{w} \tag{5.67}$$

ここで，$k_p$，$k_i$，$k_d$ はそれぞれ比例ゲイン，積分ゲイン，微分ゲインと呼ばれる．比例ゲイン $k_p$ を大きくすると定常偏差は小さくなるが，制御系の応答が振動的になり，ついには不安定になる．そこで，微分ゲイン $k_d$ による微分動作を導入することによりダンピングを増し，制御系を安定化させる．また，比例動作のみでは定常偏差の低減が困難な場合には，積分ゲイン $k_i$ による積分動作により定常偏差や外乱を低減する．しかし，積分動作により制御系は再び不安定になる．それゆえ，この3個のパラメータの調整法は種々提案されている．

ここでは，積分ゲイン $k_i$，ゲイン交差周波数 $\omega_{gc}$，位相余裕 PM の3個のパラメータが仕様により与えられると，比例ゲイン $k_p$ および微分ゲイン $k_d$ は次式により定まる手法を採用する[4]．

$$k_p = \frac{\cos\theta}{M} \tag{5.68}$$

$$k_d = \frac{\sin\theta}{M\,\omega_{gc}} + \frac{k_i}{\omega_{gc}^2} \tag{5.69}$$

なお，$M$，$\psi$ は制御対象の伝達関数を $P(s)$ とすると

$$M = |P(j\omega_{gc})| \qquad \psi = \angle P(j\omega_{gc})$$

$$\theta = \angle H(j\omega_{gc}) = -180° + \text{PM} - \psi$$

で定義される．なお，ゲイン交差周波数 $\omega_{gc}$ の値によっては，制御系が不安定になるので，その場合には他の周波数を選択する．

---

**例題 5.7** 制御対象の伝達関数を

$$P(s) = \frac{54.4}{s(s+16)}$$

とする．位相余裕が $50°$，目標が $1.7t^2$〔rad〕で変化するとき，定常偏差が 0.01 rad になるような PID コントローラを $w$ 平面上で設計せよ．

---

【解答】 MATLAB を用いる．
(S1) $w$ 変換により制御対象の伝達関数を変換する．

(S2) 積分ゲイン $k_i$ の決定

定常偏差に関する仕様から積分ゲイン $k_i$ は 100 になる。

(S3) $\omega_c$ の選定

位相余裕を与える $\omega_{gc}$ を設定する。ここでは，100 rad/s に選定した。

(S4) 比例ゲイン $k_p$ および微分ゲイン $k_d$ の決定

式 (5.68)，式 (5.69) に基づき MATLAB で求める。

```
>> nump=[0 0 54.4];
>> denp=[1 16 0];
>> [A,B,C,D]=tf2ss(nump,denp);
>> T=0.001;
>> [G,H]=c2d(A,B,T);
>> [numpz,denpz]=ss2tf(G,H,C,D);
>> [numpw,denpw]=d2cm(numpz,denpz,T,'t');
>> wgc=100;
>> [mag,phase,w]=bode(numpw,denpw,wgc);
>> ki=100;
>> PM=50;
>> th=-180+PM-phase;
>> thh=th*pi/180;
>> kp=cos(thh)/mag
>> kd=ki/(wgc*wgc)+sin(thh)/(mag*wgc)
kp=
    134.2785
kd=
    1.2961
```

比例ゲイン $k_p$ および微分ゲイン $k_d$ はそれぞれ，134.3，1.296 となる。

求められた PID 補償器が目標の仕様を満たしているか確認してみよう。以下によりボード線図を求める（図 **5.28**）。

```
>> nump=[0 0 54.4];
>> denp=[1 16 0];
>> [A,B,C,D]=tf2ss(nump,denp);
>> T=0.001;
>> [G,H]=c2d(A,B,T);
>> [numpz,denpz]=ss2tf(G,H,C,D);
>> [numpw,denpw]=d2cm(numpz,denpz,T,'t');
>> ki=100;
>> kp=134.3;
>> kd=1.296;
```

## 5.4 制御系の設計

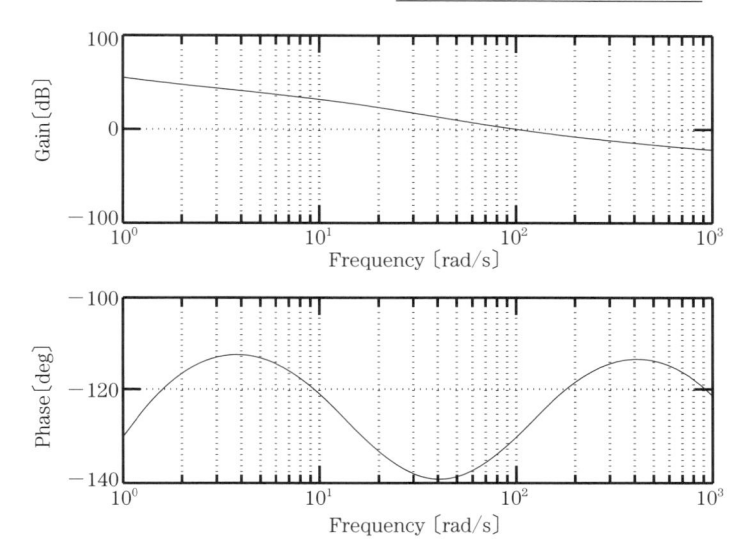

図 5.28 補償後のボード線図

```
>> numcw=[kd kp ki];
>> dencw=[0 1 0];
>> [numw,denw]=series(numcw,dencw,numpw,denpw);
>> w=logspace(0,3,100);
>> bode(numw,denw,w);
>> [mag,phase,w]=bode(numw,denw,w);
>> [Gm,Pm,Wcg,Wcp] = margin(mag,phase,w);
Gm=
    $\infty $
Pm=
    49.9938
Wcg=
    NaN
Wcp=
    100.0032
```

位相余裕は約 $50°$ となり仕様を満たしている。

(S5) $z$ 平面上の伝達関数へ変換

$w$ 平面上で記述された積分項および微分項を $z$ 平面上の伝達関数を 4.1.6 項の双一次変換法により変換する。　　　　　　　　　　　　　　◇

Simulink を利用して，コントローラおよび制御対象は，それぞれ離散時間系および連続時間系により記述し，シミュレーションを実施した。ステップ応答を図 **5.29** に示す。

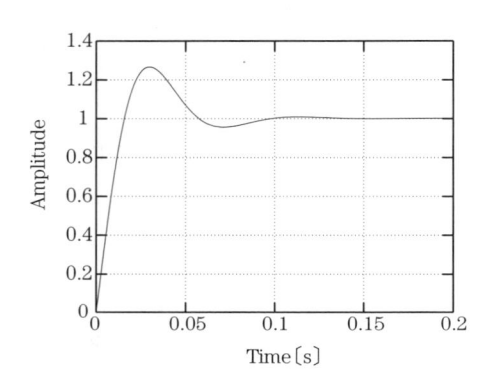

図 **5.29** ステップ応答

また，目標を $1.7t^2$ 〔rad〕で変化させたときの応答を図 **5.30** に，そのときの偏差を図 **5.31** に示す。

図 **5.31** より仕様を満たしている。

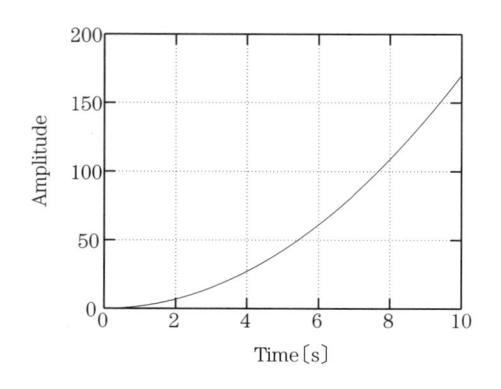

図 **5.30** 加速度入力における応答

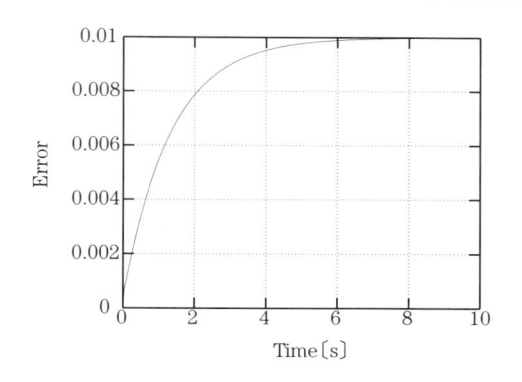

図 **5.31** 加速度入力における偏差

## 演 習 問 題

【1】 例題**5.1**に示すフィードバック制御系において，Simulinkを用いてステップ応答を求めよ。

【2】 例題**5.2**に示すフィードバック制御系において，Simulinkを用いてランプ応答を求めよ。

【3】 例題**5.3**に示すフィードバック制御系において，Simulinkを用いてステップ応答を求めよ。

【4】 例題**5.4**に示すフィードバック制御系において，Simulinkを用いてステップ応答を求めよ。

【5】 例題**5.5**に示すフィードバック制御系において，Simulinkを用いてステップ応答を求めよ。

【6】 例題**5.6**に示すフィードバック制御系において，Simulinkを用いてステップ応答を求めよ。

【7】 例題**5.7**に示すフィードバック制御系において，Simulinkを用いてステップ応答を求めよ。

# 6

# 状態方程式に基づいた ディジタル制御系の設計

## *6.1* 現代制御理論の導入

### *6.1.1* 古典制御理論から現代制御理論へ

　いままで本書で扱った離散制御理論はすべて古典制御理論と呼ばれる古い制御の考え方に基づいている。古典制御理論は，第二次世界大戦で目覚ましく発展した自動制御理論であり，ディジタル制御が実用化された現在でも，多くの制御機器がこの制御理論を応用している（図 *6.1*）。

**古典制御理論**
・伝達関数
・ブラックボックス化
・グラフ，チャートの使用で現場での対応が簡単

⬇ コンピュータの発達，高精度制御の要求

**現代制御理論**
・状態変数（方程式）による内部モデル化
・多変数制御，高精度制御
・行列計算が多く，計算量大

図 *6.1*　古典制御理論から現代制御理論へ

　古典制御理論は，一つの入力と一つの出力をもった制御対象の入出力関係（伝達関数）だけに着目して設計を行う方法であるのに対して，現代制御理論では，制御対象内部の物理現象をモデル化して，その変数（**状態変数**；state variable）をつねに計算するように設計する。言い換えると，古典制御理論では，制御対象を**ブラックボックス化**し，外から見える入出力変数の値しか見ていないのに対して，現代制御理論では，制御対象の内部の状態まで定式化しているので，出力に現れる信号を制御装置がみずから予想している。

以上をまとめるとつぎのようになる。

1) **古典制御理論**（conventional control theory）：制御対象の入出力に着目し，周波数領域での特性（伝達関数）を用いて制御を行う理論
2) **現代制御理論**（modern control theory）：制御対象の内部をモデル化し，内部変数（状態変数）を計算しながら制御を行う理論

古典制御理論は，古くから通信や電気回路の理論で発展していた周波数領域に基づく解析を応用した理論であるが，現代制御理論では，基本的に時間領域でモデルを表すことが大きく異なる。古典制御理論の欠点は制御の偏差が出力に現れてからでないと誤差の修正動作が行えないが，現代制御理論では，制御対象の内部の特性を定式化し，つねに計算しているので，制御偏差が出力に現れる前に先行的に誤差の修正動作が可能になる。

## 6.1.2　現代制御理論を利用した制御設計の特徴

現代制御理論を用いた制御設計の特徴を整理しておこう。現代制御理論では，制御対象の内部の物理構造を数式でモデル化しているので，入出力が一つの場合だけでなく，たがいに干渉し合うような多入出力の制御システム（**多変数制御**；multivariable control）に対しても設計が可能である。また，制御対象を数式でモデル化しているため，制御の安定性や制御できるか，できないかの判定についても，解析的に行うことができる。さらに，現代制御理論を基準に制御システムを設計することで，最新の高精度制御を行うことが可能である（図 **6.2**）。

もちろん，現代制御理論の欠点も存在する。現代制御理論では，制御対象を数式ですべてモデル化しているので，内部の物理現象がわからない場合や，数式で表現できない場合は，適用することができない。また，多入出力の制御シ

## 6. 状態方程式に基づいたディジタル制御系の設計

> ・制御対象を数式でモデル化した状態方程式により，将来の状態を推定しながら制御が可能
> ・制御対象のモデル化，最適制御法など最新の理論が利用可能
> ・多変数制御が可能

図 **6.2** 現代制御理論の特徴

ステムでは，内部の状態を示す状態変数の数が非常に多くなり，その計算方法は線形代数（行列演算）を多用するので，一般に難解である。

一方，古典制御では，チャートやグラフ用紙と鉛筆，電卓があれば，現場で制御装置の設計変更や調整が可能であったが，現代制御では，理論に精通した者がコンピュータを使用してシミュレーションを行う必要がある。すなわち，古典制御理論では直感的に制御システムの調整が現場技術者で行えたが，現代制御理論ではそうはいかない。

現代制御理論では，制御対象を数学モデル化しているので，制御対象の将来の動きを推定しながら制御する。そのため，現代制御理論では，制御偏差が現れる前に先行的に修正動作が可能になる。

図 **6.3** に現代制御理論による制御装置の構成を示す。

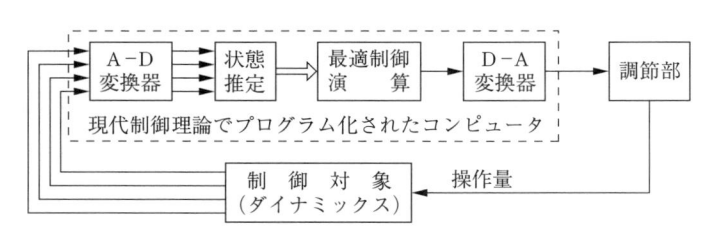

図 **6.3** 現代制御理論による制御装置の構成

制御対象はモデル化され，コンピュータのソフトウェアとして機能しているので，コンピュータは逐次，制御対象の**状態**（state）を推定する。状態とは，制御対象将来の動きを表すのに必要な内部情報であり，状態を組み合わせて数式化したモデルを**状態方程式**（state equation）と呼ぶ。状態方程式を解くことで制御の目的に応じた最適な制御設計が可能になる。

## 6.2 状態空間法

### 6.2.1 制御対象のモデル化

制御対象が電気回路であれ，機械回路であれ，現代制御理論を適用するには，制御対象が数式化できなければならない。これを制御システムの**モデル化**と呼ぶ。それと同時に，制御の目的，すなわち，なにを一定にするかなど，設計の目的をはっきりさせる必要がある。

古典制御理論で用いる伝達関数もモデル化の一つであるが，伝達関数は入出力の関係のみを表した関数であるので，その内部の状態を表すことはできない。そこで，現代制御理論では，状態方程式と呼ばれる数式でモデル化している。

モデル化の方法には大きく分けて2種類のアプローチが考えられる。最も多いのが，運動方程式を用いた物理法則から導く方法である。これは現実が比較的容易に物理法則に乗る場合に多く用いられる。これとは別に，正確に物理法則の当てはめが困難な場合や，信号に雑音が多く含まれる場合には，統計的に導く方法がとられる。

- 物理法則からモデルを導く方法：運動方程式，エネルギー保存則，質量保存則など，多くの物理法則をモデルに用いる
- 統計的にモデルを導く方法：最小二乗法などを駆使して得られたパラメータの最適解をモデルに用いる

例として，図 **6.4** のばねの運動モデルを物理法則から導き，状態方程式を計算してみよう。

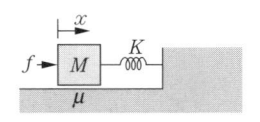

図 **6.4** ばねの運動モデル

いま，質量 $M$，粘性係数 $\mu$，ばね定数 $K$ の物体に力 $f$ を加え，物体が $x$ だけ変位したとすると，運動方程式は

$$M\frac{d^2x}{dt^2} = f - \mu\frac{dx}{dt} - Kx \tag{6.1}$$

となる。ここで

$$\frac{dx_1}{dt} = \frac{dx}{dt} = x_2 \tag{6.2}$$

$$\frac{dx_2}{dt} = \frac{d^2x}{dt^2} \tag{6.3}$$

とおくと，式(6.1)は

$$M\frac{dx_2}{dt} = f - \mu x_2 - Kx_1 \tag{6.4}$$

となる。

ばねの運動モデルの微分方程式を整理すると，$x(t)$ は $dx_1/dt$ と $dx_2/dt$ の二つの項からなるので，行列式で表記すると

$$\begin{bmatrix} \dfrac{dx_1}{dt} \\ \dfrac{dx_2}{dt} \end{bmatrix} = \begin{bmatrix} 0 & 1 \\ -\dfrac{K}{M} & -\dfrac{\mu}{M} \end{bmatrix} \begin{bmatrix} x_1 \\ x_2 \end{bmatrix} + \begin{bmatrix} 0 \\ \dfrac{1}{M} \end{bmatrix} f \tag{6.5}$$

$$y = \begin{bmatrix} 1 & 0 \end{bmatrix} \begin{bmatrix} x_1 \\ x_2 \end{bmatrix} \tag{6.6}$$

となる。以上のプロセスにより得られた状態方程式は連続（アナログ）系である。

ここで，連続時間システムの状態方程式標準形を示しておくことにしよう。状態変数を $x$，操作変数を $u$，出力変数を $y$ とすれば，微分方程式を整理することで

$$\frac{dx(t)}{dt} = ax(t) + bu(t) \tag{6.7}$$

$$y(t) = cx(t) \tag{6.8}$$

となる状態方程式が得られる。変数 $a$, $b$, $c$ はパラメータであり，対象とするシステムによって異なる。

システムを記述する状態方程式の数はシステムの複雑さに比例し増加するので，これらを**状態空間モデル**（state space model）と呼ぶ．式(6.7)はシステムの運動を表しているため**状態方程式**と呼ばれ，また，式(6.8)は**出力方程式**（output equation）と呼ばれる．なお，式(6.8)と区別するために，式(6.7)を特に**観測方程式**（observability matrix）と呼ぶことがある．状態方程式が1階の微分方程式で記述されるようなシステムを**一次システム**（first–order system）であるという．

ディジタル制御では，式(6.7)および式(6.8)を離散時間表現に変換することが必要である．微分方程式を離散時間表現にすると，式(6.4)の運動方程式は

$$\frac{dx}{dt} \simeq \frac{x(t+T)-x(t)}{T} = ax(t) + bu(t) \tag{6.9}$$

と離散化できるので，$t = nT$ とすると

$$x[(n+1)T] = (1+aT)x(nT) + bTu(nT) \tag{6.10}$$

$$y(nT) = cx(nT) \tag{6.11}$$

となる．ここで，$A = 1 - aT$，$B = bT$ とすれば

$$x[(n+1)T] = Ax(nT) + Bu(nT) \tag{6.12}$$

$$y(nT) = Cx(nT) \tag{6.13}$$

で表される離散時間系の状態空間モデルが得られる．**図 6.5** に状態空間モデルを示す．

状態変数を座標にもつ空間は**状態空間**（state space）と呼ばれる．図に示すように，状態変数が $n$ 個存在する場合，このモデルは**$n$次元状態空間モデル**

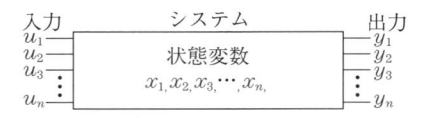

図 **6.5** 状態空間モデル

($n$–order state space model) と呼ばれる．すなわち，このシステムは，$n$ 個の状態変数を用いて連立 1 階の微分方程式で表現される．制御システムが $n$ 次の 1 入力 1 出力である場合，入力変数 $u$ と出力変数 $y$ はスカラで表し，他の変数はベクトルで表されるので

$$\bm{x}[(n+1)T] = \bm{A}\bm{x}(nT) + \bm{B}u(nT) \tag{6.14}$$

$$y(nT) = \bm{C}\bm{x}(nT) \tag{6.15}$$

となる．この場合，$\bm{x}(nT)$ は $n$ 次元の**状態ベクトル** (state vector)，$y(nT)$ はスカラの**出力ベクトル** (output vector)，$u(nT)$ はスカラの**制御ベクトル** (control vector) と呼ぶ．また，$\bm{A}$ は $n \times n$ の**システム行列** (system matrix)，$\bm{B}$ は $n \times 1$ の**制御行列** (control matrix)，$\bm{C}$ は $1 \times n$ の**出力行列** (output matrix) である．

いうまでもなく，制御システムが多入力多出力でもこの状態方程式は成り立ち，この場合，すべての変数がベクトル表示となる．

状態空間モデルは，入出力の数，線形か非線形，時間により状態ベクトルが変化するかしないかなどで表し方が異なるが，例えば，多入力 1 出力系であり，線形かつ状態ベクトルは時間に依存しないとすると

$$\bm{x}[(n+1)T] = \bm{A}\bm{x}(nT) + \bm{B}\bm{u}(nT) \tag{6.16}$$

$$y(nT) = \bm{C}\bm{x}(nT) \tag{6.17}$$

となる．

式 (6.17) の状態変数モデルをブロック線図として図 **6.6** に示す．

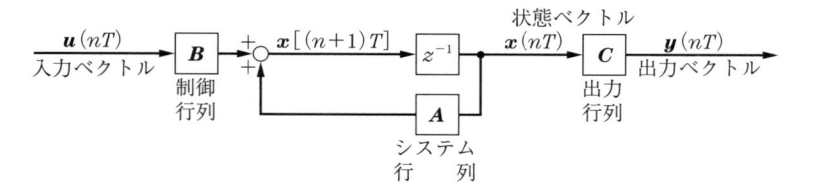

図 **6.6** 状態変数モデル

**例題 6.1** 図 **6.7** に示すような質量 $M$ に，粘性係数 $\mu$ による粘性力 $\mu v$，力 $F$ がかかっている。質量 $M$ の粘性運動を状態空間モデルで表せ。

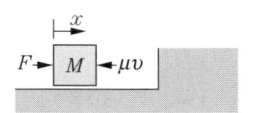

図 **6.7** 粘 性 運 動

【解答】 図の運動方程式は
$$Ma = F - \mu v$$
となるので，質量 $M$ の微分方程式は
$$M\frac{d^2}{dt^2}x + \mu \frac{d}{dt}x = F$$
となる。
$$x_1 = x, \quad x_2 = \frac{d}{dt}x$$
とおけば
$$\frac{d}{dt}x_2 = -\frac{\mu}{M}x_2 + \frac{\mu}{M}$$
$$\frac{d}{dt}x_1 = x_2$$
となるので
$$\begin{bmatrix} \dfrac{dx_1}{dt} \\ \dfrac{dx_2}{dt} \end{bmatrix} = \begin{bmatrix} 0 & 1 \\ 0 & -\dfrac{\mu}{M} \end{bmatrix} \begin{bmatrix} x_1 \\ x_2 \end{bmatrix} + \begin{bmatrix} 0 \\ \dfrac{1}{M} \end{bmatrix} F$$

で表される状態方程式が得られる。 ◇

### 6.2.2 状態方程式の応答

離散時間系の状態方程式 $\boldsymbol{x}[(n+1)T] = \boldsymbol{A}\boldsymbol{x}(nT) + \boldsymbol{B}u(nT)$ の応答を求めよう。離散時間系では，入力 $\boldsymbol{u}(nT)$ がサンプル時間 $T$ 内で一定であるから，時刻 $nT + T$ での状態は

$$\boldsymbol{x}[(n+1)T] = e^{\boldsymbol{A}T}\boldsymbol{x}(nT) + \int_0^T e^{\boldsymbol{A}(T-\tau)}\boldsymbol{B}u(nT)d\tau \tag{6.18}$$

となる。したがって，状態方程式は

$$\boldsymbol{x}[(n+1)T] = \boldsymbol{A}^*\boldsymbol{x}(nT) + \boldsymbol{B}^*u(nT) \tag{6.19}$$

となる。ただし，$\boldsymbol{A}^*$ は

$$\begin{aligned}\boldsymbol{A}^* &= e^{\boldsymbol{A}T} \\ &= \boldsymbol{I} + \boldsymbol{A}T + \frac{1}{2!}\boldsymbol{A}^2T^2 + \frac{1}{3!}\boldsymbol{A}^3T^3 + \cdots + \frac{1}{N!}\boldsymbol{A}^NT^N\end{aligned} \tag{6.20}$$

で近似でき，また，同様に $\boldsymbol{B}^*$ は

$$\begin{aligned}\boldsymbol{B}^* &= \int_0^T e^{\boldsymbol{A}(T-\tau)}d\tau\boldsymbol{B} \\ &= T\left[\boldsymbol{I} + \frac{1}{2!}\boldsymbol{A}T + \frac{1}{3!}\boldsymbol{A}^2T^2 + \cdots + \frac{1}{N!}\boldsymbol{A}^{N-1}T^{N-1}\right]\boldsymbol{B}\end{aligned} \tag{6.21}$$

で近似することができる。これは無限級数展開を使用しているが，その有限個の近似である式(6.20)，式(6.21)の $N$ を十分大きな整数として計算すれば，精度良く $\boldsymbol{A}^*$ および $\boldsymbol{B}^*$ を求めることができる。

## 6.3 状態方程式と離散時間システムのパルス伝達関数

### 6.3.1 伝達関数への変換

ここでは，与えられた状態方程式から離散システムのパルス伝達関数を求めてみよう。

離散時間システムの状態方程式が

$$\boldsymbol{x}[(n+1)T] = \boldsymbol{A}\boldsymbol{x}(nT) + \boldsymbol{B}\boldsymbol{u}(nT) \tag{6.22}$$

$$y(nT) = \boldsymbol{C}\boldsymbol{x}(nT) + \boldsymbol{D}\boldsymbol{u}(nT) \tag{6.23}$$

で表されるとしよう。ここで，$\boldsymbol{x}(nT)$ は $n$ 次元の状態ベクトル $\boldsymbol{u}(nT)$ は $r$ 次元の入力ベクトル，$\boldsymbol{y}(nT)$ は $m$ 次元の出力ベクトルである。また，$\boldsymbol{A}$，$\boldsymbol{B}$，$\boldsymbol{C}$，$\boldsymbol{D}$ は，おのおの $n\times n$，$n\times r$，$m\times n$，$m\times r$ の行列である。ここに，$\boldsymbol{D}$ は**伝達行列**（transfer matrix）と呼ばれる。この状態方程式の状態 $\boldsymbol{x}(nT)$ を単純に計算していくと

$$\begin{aligned}
\boldsymbol{x}(T) &= \boldsymbol{A}\boldsymbol{x}(0) + \boldsymbol{B}\boldsymbol{u}(0) \\
\boldsymbol{x}(2T) &= \boldsymbol{A}\boldsymbol{x}(T) + \boldsymbol{B}\boldsymbol{u}(T) \\
&= \boldsymbol{A}\left[\boldsymbol{A}\boldsymbol{x}(0) + \boldsymbol{B}\boldsymbol{u}(0)\right] + \boldsymbol{B}\boldsymbol{u}(T) \\
&= \boldsymbol{A}^2\boldsymbol{x}(0) + \left[\boldsymbol{A}\boldsymbol{B}\boldsymbol{u}(0) + \boldsymbol{B}\boldsymbol{u}(T)\right] \\
\boldsymbol{x}(3T) &= \boldsymbol{A}\boldsymbol{x}(2T) + \boldsymbol{B}\boldsymbol{u}(2T) \\
&= \boldsymbol{A}^3\boldsymbol{x}(0) + \left[\boldsymbol{A}^2\boldsymbol{B}\boldsymbol{u}(0) + \boldsymbol{A}\boldsymbol{B}\boldsymbol{u}(T) + \boldsymbol{B}\boldsymbol{u}(2T)\right]
\end{aligned}$$

となり，一般化すると

$$\boldsymbol{x}(nT) = \boldsymbol{A}^n \boldsymbol{x}(0) + \sum_{k=0}^{n-1} \boldsymbol{A}^{n-k-1} \boldsymbol{B} \boldsymbol{u}(kT) \tag{6.24}$$

が得られる。$z$ 変換を式 (6.23) について行うと

$$z\left[\boldsymbol{X}(z) - \boldsymbol{x}(0)\right] = \boldsymbol{A}\boldsymbol{X}(z) + \boldsymbol{B}\boldsymbol{U}(z) \tag{6.25}$$

となり，整理すると

$$(z\boldsymbol{I}(z) - \boldsymbol{A})\boldsymbol{X}(z) = z\boldsymbol{x}(0) + \boldsymbol{B}\boldsymbol{U}(z) \tag{6.26}$$

となる。ただし，$\boldsymbol{I}$ は $n \times n$ の単位行列である。したがって

$$\boldsymbol{X}(z) = (z\boldsymbol{I}(z) - \boldsymbol{A})^{-1} z\boldsymbol{x}(0) + (z\boldsymbol{I}(z) - \boldsymbol{A})^{-1} \boldsymbol{B}\boldsymbol{U}(z) \tag{6.27}$$

となる。さらに，式 (6.27) を式 (6.23) の $z$ 変換で置き換えると

$$\begin{aligned}
\boldsymbol{Y}(z) &\\
&= \boldsymbol{c}(z\boldsymbol{I}(z) - \boldsymbol{A})^{-1} z\boldsymbol{x}(0) + \left[\boldsymbol{c}(z\boldsymbol{I}(z) - \boldsymbol{A})^{-1}\boldsymbol{B} + \boldsymbol{D}\right]\boldsymbol{U}(z)
\end{aligned} \tag{6.28}$$

$x(0) = 0$ の場合，式 (6.28) は

$$\boldsymbol{Y}(z) = \left[\boldsymbol{c}(z\boldsymbol{I}(z) - \boldsymbol{A})^{-1}\boldsymbol{B} + \boldsymbol{D}\right]\boldsymbol{U}(z) \tag{6.29}$$

と簡略化される。よって，パルス伝達関数 $\boldsymbol{H}(z)$ は

$$\boldsymbol{H}(z) = \frac{\boldsymbol{Y}(z)}{\boldsymbol{U}}(z) = \boldsymbol{c}(z\boldsymbol{I}(z) - \boldsymbol{A})^{-1}\boldsymbol{B} + \boldsymbol{D} \tag{6.30}$$

となる。この場合，$\boldsymbol{Y}(z)$ は $m$ 次元ベクトル，$\boldsymbol{U}(z)$ は $r$ 次元ベクトルであるから，$\boldsymbol{H}(z)$ は，$m \times r$ の行列になるので，**伝達関数行列** (transfer function matrix) とも呼ばれる。

もし，出力ベクトル $\boldsymbol{Y}(z)$ が $m \times 1$ で，伝達関数行列 $\boldsymbol{H}(z)$ が $m \times n$，入力ベクトル $\boldsymbol{U}(z)$ が $r \times 1$ なら，各ベクトルはおのおのつぎのようになる。

$$\boldsymbol{Y}(z) \equiv \begin{bmatrix} Y_1(z) \\ Y_2(z) \\ Y_3(z) \\ \vdots \\ Y_i(z) \\ \vdots \\ Y_m(z) \end{bmatrix} \tag{6.31}$$

$$\boldsymbol{H}(z) \equiv \begin{bmatrix} H_{11}(z) & H_{12}(z) & \cdots & H_{1n} \\ H_{21}(z) & H_{22}(z) & \cdots & H_{2n} \\ H_{31}(z) & H_{32}(z) & \cdots & H_{3n} \\ \vdots & \vdots & \vdots & \vdots \\ H_{m1}(z) & H_{m2}(z) & \cdots & H_{mn} \end{bmatrix} = H_{ij}(z) \tag{6.32}$$

$$\boldsymbol{U}(z) \equiv \begin{bmatrix} U_1(z) \\ U_2(z) \\ U_3(z) \\ \vdots \\ U_r(z) \end{bmatrix} \tag{6.33}$$

パルス伝達関数 $H_{ij}$ の一般形に書き直すと

$$H_{ij}(z) = \frac{Y_i(z)}{U_j(z)} \tag{6.34}$$

$$= K \frac{z^w + f_{w-1} z^{w-1} + \cdots + f_1 z + f_0}{z^n + d_{n-1} z^{n-1} + \cdots + d_1 z + d_0} \tag{6.35}$$

の関係式が得られる。ここで，$w \leqq n$，かつ $z^w$ と $z^n$ の係数は 1 である。

## 6.3 状態方程式と離散時間システムのパルス伝達関数

**例題 6.2** つぎの状態方程式で表される三次のシステムのパルス伝達関数 $H(z)$ を求めよ。

$$\boldsymbol{x}[(n+1)T] = \begin{bmatrix} 0 & 1 \\ -2 & -3 \end{bmatrix} \boldsymbol{x}(nT) + \begin{bmatrix} 0 \\ 1 \end{bmatrix} u(nT) \qquad (6.36)$$

$$y(nT) = \begin{bmatrix} 1 & 0 \end{bmatrix} \boldsymbol{x}(nT) \qquad (6.37)$$

【解答】 式 (6.30) より,パルス伝達関数は

$$\boldsymbol{H}(z) = \frac{\boldsymbol{Y}(z)}{\boldsymbol{U}(z)} = \boldsymbol{C}(z\boldsymbol{I}(z) - \boldsymbol{A})^{-1}\boldsymbol{B} + \boldsymbol{D}$$

で表されるので

$$\begin{aligned}
\boldsymbol{H}(z) &= \begin{bmatrix} 1 & 0 \end{bmatrix} \left\{ z\begin{bmatrix} 1 & 0 \\ 0 & 1 \end{bmatrix} - \begin{bmatrix} 0 & 1 \\ -2 & -3 \end{bmatrix} \right\}^{-1} \begin{bmatrix} 0 \\ 1 \end{bmatrix} \\
&= \begin{bmatrix} 1 & 0 \end{bmatrix} \begin{bmatrix} z & -1 \\ 2 & z+3 \end{bmatrix}^{-1} \begin{bmatrix} 0 \\ 1 \end{bmatrix} \\
&= \begin{bmatrix} 1 & 0 \end{bmatrix} \frac{1}{z(z+3)+2} \begin{bmatrix} z+3 & 1 \\ -2 & z \end{bmatrix} \begin{bmatrix} 0 \\ 1 \end{bmatrix} \\
&= \frac{1}{z^2 + 3z + 2}
\end{aligned}$$

が得られる。 ◇

### 6.3.2 実 現 問 題

前項とは逆に,システムのパルス伝達関数から状態方程式を導くことを**実現問題** (realization) と呼ぶ。状態方程式から伝達関数を求める場合,伝達関数は唯一決定できるが,実現問題の場合は容易にはいかない。その理由は,同じ伝達関数(行列)をもつ状態空間ベクトルは複数(無限個)存在するからである。すなわち,状態方程式の記述法は一義的に決まるものではなく,状態変数の取り方などにより,種々の表し方がある。しかし,求める状態方程式の形式を限定すれば,伝達関数を導くことが可能である。

状態方程式の形式としては,**可制御標準形** (control canonical form) およ

び**可観測標準形**（observer canonical form）という二つの有名な標準形が存在する．1入力1出力系の制御システムで，例えば四次の伝達関数の場合

$$H_{ij}(z) = K\frac{b_4z^4 + b_3z^3 + b_2z^2 + b_1z + b_0}{a_4z^4 + a_3z^3 + a_2z^2 + a_1z + a_0} \tag{6.38}$$

で表される形式になると仮定しよう．ここで，$a_i$ および $b_i$ は実数定数で，$a_4 \neq 0$ であるとする．$b_4 = 0$ の場合，この伝達関数は**厳密にプロパー**（proper）といい，この場合には，伝達関数を実現する状態変数表示が必ず存在する．

さらに，この伝達係数を

$$H_{ij}(z) = H(\infty) + \frac{\bar{b}_3z^3 + \bar{b}_2z^2 + \bar{b}_1z + \bar{b}_0}{z^4 + \bar{a}_3z^3 + \bar{a}_2z^2 + \bar{a}_1z + \bar{a}_0} \tag{6.39}$$

と書き換えることで，可制御標準形では

$$\boldsymbol{x}[(n+1)T] = \begin{bmatrix} -\bar{a}_3 & -\bar{a}_2 & -\bar{a}_1 & -\bar{a}_0 \\ 1 & 0 & 0 & 0 \\ 0 & 1 & 0 & 0 \\ 0 & 0 & 1 & 0 \end{bmatrix} \boldsymbol{x}(nT) + \begin{bmatrix} 1 \\ 0 \\ 0 \\ 0 \end{bmatrix} u(nT) \tag{6.40}$$

$$y(nT) = \begin{bmatrix} \bar{b}_3 & \bar{b}_2 & \bar{b}_1 & \bar{b}_0 \end{bmatrix} \boldsymbol{x}(nT) + du(nT) \tag{6.41}$$

で実現でき，さらに，可観測標準形では

$$\boldsymbol{x}[(n+1)T] = \begin{bmatrix} -\bar{a}_3 & 1 & 0 & 0 \\ -\bar{a}_2 & 0 & 1 & 0 \\ -\bar{a}_1 & 0 & 0 & 1 \\ -\bar{a}_0 & 0 & 0 & 0 \end{bmatrix} \boldsymbol{x}(nT) + \begin{bmatrix} \bar{b}_3 \\ \bar{b}_2 \\ \bar{b}_1 \\ \bar{b}_0 \end{bmatrix} u(nT) \tag{6.42}$$

$$y(nT) = \begin{bmatrix} 1 & 0 & 0 & 0 \end{bmatrix} \boldsymbol{x}(nT) + du(nT) \tag{6.43}$$

で実現することが可能である．

なお，ある伝達関数の状態変数空間表示のうち，その次元が最小のものを特に**最小実現**（minimum realization）と呼ぶ．

**例題 6.3** つぎの伝達関数の状態変数表示を実現せよ。
$$H(z) = \frac{4z^2 - z + 2}{z^3 + 2z^2 + 1}$$

【解答】
$$H(z) = \frac{4z^2 - z + 2}{z^3 + 2z^2 + 1} = \frac{4z^2 - z + 2}{z^3 + 2z^2 + 0z + 1}$$
であるので，可制御標準形式の式 (6.43) にならって，$\bar{b}_2 = 4$, $\bar{b}_1 = -1$, $\bar{b}_0 = 2$, $\bar{a}_2 = 2$, $\bar{a}_1 = 0$, $\bar{a}_0 = 1$ であるから，状態変数表示は

$$\begin{bmatrix} x_1[(n+1)T] \\ x_2[(n+1)T] \\ x_3[(n+1)T] \end{bmatrix} = \begin{bmatrix} -2 & 0 & -1 \\ 1 & 0 & 0 \\ 0 & 1 & 0 \end{bmatrix} \begin{bmatrix} x_1(nT) \\ x_2(nT) \\ x_3(nT) \end{bmatrix} + \begin{bmatrix} 1 \\ 0 \\ 0 \end{bmatrix} u(nT)$$

$$y(nT) = \begin{bmatrix} 4 & -1 & 2 \end{bmatrix} \begin{bmatrix} x_1(nT) \\ x_2(nT) \\ x_3(nT) \end{bmatrix} + du(nT)$$

となる。　　　　　　　　　　　　　　　　　　　　　　　　　　　　◇

## 6.4　状態方程式と安定性

前節で述べた可制御標準形や可観測標準形の可制御，可観測とは現代制御理論の重要な用語である。本節では，可制御，可観測の意味，求め方，現代制御における制御システムの安定性について述べる。

### 6.4.1　可制御性

制御システムを設計する場合，目標とする制御が実現できるかどうかは重要な課題の一つである。簡単に述べると，制御システムが**可制御**（controllable）であるということは，「制御システムが制御できる」ということである。また，制御システムの**可制御性**（controllability）とは，「制御システムが制御できるかどうか」ということである。

制御システムが可制御であるということを数学的に表現すると,「有限時間内で,制御システムをある初期状態から,希望の状態に移すことが可能な入力が存在するとき,制御システムは可制御である」という。

式(6.14),式(6.15)に示した$n$次の状態方程式(1入力1出力系)のシステムが可制御である条件は,つぎに述べる**可制御行列**(controllable matrix)$\boldsymbol{U_c}$のランクが$n$であることである。これはすなわち

$$\text{rank}\left[\boldsymbol{B}, \boldsymbol{AB}, \boldsymbol{A^2B}, \boldsymbol{A^3B}, \cdots, \boldsymbol{A^{n-1}B}\right] = \text{rank}\,\boldsymbol{U_c} = n \quad (6.44)$$

が成り立つことである。

行列$\boldsymbol{U_c}$のrank(ランク)とは,代数学で学ぶ行列式の階級のことであるが,簡単に述べると,$n \times n$の正方行列の場合,その大きさ$\det \boldsymbol{U_c} \neq 0$なら,rank $\boldsymbol{U_c} = n$である。また,$n \times m$の正方行列の場合,rank $\boldsymbol{U_c}$は,$n$と$m$の最小値より大きくなることはない。

### 6.4.2 可 観 測 性

出力をある期間測定して制御システム内部の状態を推測することを現代制御では**観測**(observation)するという。そして,観測可能な制御システムを**可観測**(observable)であるという。また,観測できるかどうかのことを,**可観測性**(observability)と呼ぶ。可制御と同様に可観測は現代制御では重要であり,現代制御理論を使用して,制御システムを設計するうえで必要不可欠な特性である。

可観測であるということを数学的に表現すると,「有限時間だけ出力を観測することにより状態変数の初期値を知ることができるとき,その制御システムは可観測である」という。ただし,有限時間内の入力はすべて既知であるとしている。

式(6.14),式(6.15)に示した$n$次の状態方程式(1入力1出力系)のシステムが可観測である条件は,つぎに述べる**可観測行列**(observable matrix)$\boldsymbol{U_o}$のランクが$n$であることである。すなわち

$$\text{rank} \begin{bmatrix} C \\ CA \\ CA^2 \\ \vdots \\ CA^{n-1} \end{bmatrix} = \text{rank } U_O = n \tag{6.45}$$

が成り立つことである。

前節で述べたように，伝達関数が表すことができるシステムは，「可観測かつ可制御な場合」のみである。また，**最小実現**のための条件は，「実現しようとしているシステムが可制御かつ可観測な場合」と言い換えることもできる。可制御でないシステムは**不可制御**（uncontrollable），可観測でないシステムは**不可観測**（unobservable）なシステムと呼ぶ。制御システムの設計では特に最小実現の条件が重要である。

---

**例題 6.4** つぎに示す状態方程式で表されるシステムの可制御性と可観測性を表せ。

$$\begin{bmatrix} x_1[(n+1)T] \\ x_2[(n+1)T] \end{bmatrix} = \begin{bmatrix} -4 & 0 \\ -1 & -3 \end{bmatrix} \begin{bmatrix} x_1(nT) \\ x_2(nT) \end{bmatrix} + \begin{bmatrix} 1 \\ 1 \end{bmatrix} u(nT)$$

$$y(nT) = \begin{bmatrix} 0 & 1 \end{bmatrix} \begin{bmatrix} x_1(nT) \\ x_2(nT) \end{bmatrix}$$

---

【解答】 可制御行列 $U_C$ と可観測行列 $U_O$ を求める。

$$\text{rank } U_C = \text{rank } [B, AB]$$
$$= \text{rank} \begin{bmatrix} 1 & -4 \\ 1 & -4 \end{bmatrix}$$

となり，$\det U_C = 0$ であるから，$\text{rank } U_C \neq 2$ となり，このシステムは不可制御になる。さらに

$$\text{rank } U_O = \text{rank} \begin{bmatrix} C \\ CA \end{bmatrix} = \text{rank} \begin{bmatrix} 0 & -1 \\ 1 & -3 \end{bmatrix}$$

となり，det $U_O = 1$ であるから，rank $U_O = 2$ となり，このシステムは可観測である。 ◇

### 6.4.3 システムの安定性

可制御かつ可観測のシステムを設計するうえで，つぎに重要な事柄は，設計しようとしているシステムがどの程度安定しているかということ，すなわち，**安定性**（stability）の概念である。古典制御では，インパルス応答の出力のみに着目して安定性を議論しているが，状態空間表示では，システムの内部状態に着目し，安定性を定義することができる。

式(6.14)，式(6.15)で示したシステムにおいて，入力 $u(t) = 0$ とすると，状態変数が任意の初期状態 $\boldsymbol{x}(0)$ に対して $\lim_{t \to \infty} \boldsymbol{x}(t) = 0$ になるとき，システムは**漸近安定性**（asymptotic stability）であるという。これは，伝達関数 $H(z)$ のすべての極の大きさが $z$ の複素平面上で 1 以下である条件と等価であり，システムの出力が振動しながら一定の値に収束することを表す（この条件を満足する行列 $\boldsymbol{A}$ を**安定行列**（steady state matrix）と呼ぶ）。極の大きさが 0 の場合には**持続振動**（persistent oscillation）を発生し，1 以上のときには**発散**していく。

システムが漸近安定性であるための条件は，状態空間表示ではどうなるのであろうか。ここでは証明を省略し結果のみ述べる。

システムが漸近安定性であるための条件は，式(6.14)および式(6.15)で示したシステムにおいて，行列 $\boldsymbol{A}$ の固有値の実部がすべて負になることである。すなわち

$$\det [z\boldsymbol{I} - \boldsymbol{A}] = 0 \tag{6.46}$$

の根を行列 $\boldsymbol{A}$ の**固有値（極）**（eigenvalue (pole)）といい，式(6.46)を**特性方程式**（characteristic equation）と呼ぶ。この場合，固有値の実部が 0 なら持続振動し，正なら発散していくことになる。よって，安定性を調べるには，行列 $\boldsymbol{A}$ の固有値を調べればよいのであるが，次数が少ない場合はともかく，

次数が増えると固有値を求めるのは容易ではない。しかし，**6.4.4**項で述べるリアプノフの**安定理論**（Lyapunov stability theory）は，ある代数方程式を解くだけで，システムの安定判別を行うことができるので広く用いられている。

---

**例題 6.5** 式(6.14)，式(6.15)で示したシステムにおいて，つぎに示す行列 $\boldsymbol{A}$ を持つ場合の安定性を行列の固有値を調べて求めよ。

$$\begin{bmatrix} -2 & 0 & 0 \\ -1 & 1 & 0 \\ 0 & 1 & -1 \end{bmatrix}$$

---

【解答】 式(6.46)より，行列 $\boldsymbol{A}$ の特性方程式は

$$\det[z\boldsymbol{I} - \boldsymbol{A}] = \begin{bmatrix} z+2 & 0 & 0 \\ 1 & z-1 & 0 \\ 0 & -1 & z+1 \end{bmatrix}$$
$$= (z+2)(z-1)(z+1)$$
$$= 0$$

より，固有値は三つ存在し，$z_1 = -2$，$z_2 = 1$，$z_3 = -1$ となる。よって，$z_2 > 0$ となり，このシステムは漸近安定性ではない。 ◇

### 6.4.4 リアプノフの安定理論

リアプノフの安定理論では，漸近安定性よりさらに実用的な安定性概念として**大域的漸近安定性**（global asymptotic stability）と呼ぶ条件を使う。これは，状態空間の中で取りうる任意の $\boldsymbol{x}(0)$ に対して $\lim_{t \to 0} \boldsymbol{x}(t) = 0$ が状態空間全域で成り立つことを表している。制御システムの設計では大域的漸近安定性をシステムが安定であるための条件とするほうがより実用的であるため，安定性判別にはリアプノフの安定理論が広く用いられる。リアプノフの安定理論は線形なシステムだけでなく，非線型なシステムに対しても成り立つ。

リアプノフの安定理論では，式(6.14)，式(6.15)で示したシステムにおいて

任意の正定行列 $P$ に対して

$$A^T Q A - Q = -P \tag{6.47}$$

を満足する正定行列 $Q$ が唯一存在することである。この条件を満足すれば，システムは大域的漸近安定性であることはもちろん，漸近安定性である条件も満足することになる。正定行列とは，任意の行列 $x$ に対して，$x^T A x > 0$ を満足する行列 $A$ のことである。この条件は，正定行列 $P$ が与えられたとき，行列 $Q$ を未知数とする連立一次方程式であり，この方程式を**リアプノフ方程式**と呼ぶ。

---

**例題 6.6** 式(6.14)，式(6.15)で示したシステムにおいて，つぎに示す行列 $A$ を持つ場合の安定性をリアプノフ方程式より求めよ。

$$\begin{bmatrix} 0 & 1 \\ -0.25 & -1 \end{bmatrix}$$

---

**【解答】** 任意の正定行列 $P$ を

$$P = \begin{bmatrix} 1 & 0 \\ 0 & 1 \end{bmatrix}$$

とする。求める行列 $Q$ を

$$Q = \begin{bmatrix} a & b \\ b & c \end{bmatrix}$$

と置けば

$$\begin{cases} a - 2b = -1 \\ -\dfrac{5}{4}b + \dfrac{1}{4}c = 0 \\ \dfrac{1}{16}c - a = -1 \end{cases}$$

となる連立方程式が得られる。これから

$$Q = \frac{1}{27}\begin{bmatrix} 37 & 32 \\ 32 & 160 \end{bmatrix}$$

となる正定値が得られるので，このシステムは大域的漸近安定性である。 ◇

## 6.5 状態フィードバックによる極配置

前節では,単なる状態空間法というシステムモデル表記法,扱い方,特性を説明しただけで,制御工学に限定した話をしていない。本節では,状態空間法に基づき,システムを能動的に制御するという制御システム本来の目的に限定したディジタル制御システムの設計手法について述べる。

古典制御で用いられたフィードバックの考え方は,現代制御でも同様に応用されている。状態空間法におけるフィードバックは**状態フィードバック**(state feedback)と呼ばれ,「固有値(極)を希望の位置に移動する」という目的のために利用される。状態フィードバックを構成することで,システムはより安定になり,応答性を改善するという制御システムの制御品質を設計し,改善することができる。

### 6.5.1 レギュレータによる制御

制御しようとするシステムの離散時間表記の状態方程式が

$$\boldsymbol{x}[(n+1)T] = \boldsymbol{A}\boldsymbol{x}(nT) + \boldsymbol{B}u(nT) \tag{6.48}$$

$$y(nT) = \boldsymbol{C}\boldsymbol{x}(nT) \tag{6.49}$$

となる1入力1出力系であると仮定しよう。ここで,$\boldsymbol{x}(nT)$ は $n$ 次元の状態ベクトル,$u(nT)$ は入力(スカラ),$\boldsymbol{y}(nT)$ は $m$ 次元の出力ベクトルであり,$\boldsymbol{A}$,$\boldsymbol{B}$,$\boldsymbol{C}$ は,おのおの $n \times n$,$n \times 1$,$m \times n$ の行列である。制御動作の目的は出力を目標値に近づけることであるので,出力と目標値の差をとり,それにゲインを設定して,入力にフィードバックするようなシステムの再構築を考えよう。

状態変数がすべて観測可能な場合,フィードバック係数ベクトル(feedback vector)$\boldsymbol{K}$ なるフィードバックゲインにより

$$u(nT) = r(nT) - \boldsymbol{K}\boldsymbol{x}(nT) \tag{6.50}$$

となる**状態フィードバックシステム**が構成できる（図 **6.8**）。ただし，この場合，フィードバック係数ベクトル $\boldsymbol{K}$ は $1 \times n$ である。よって，状態フィードバックを含む制御システムの状態空間は

$$\boldsymbol{x}[(n+1)T] = (\boldsymbol{A} - \boldsymbol{BK})\boldsymbol{x}(nT) + \boldsymbol{B}r(nT) \tag{6.51}$$

$$y(nT) = \boldsymbol{C}\boldsymbol{x}(nT) \tag{6.52}$$

と変化する。

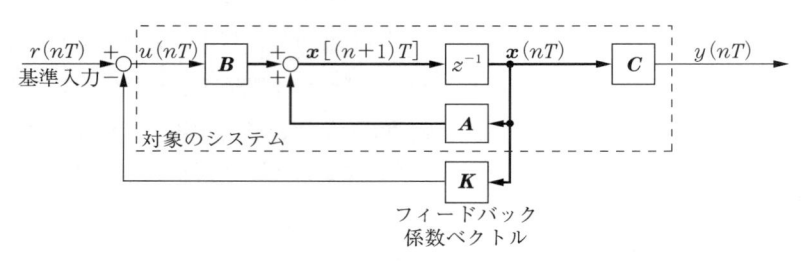

図 **6.8** 状態フィードバックシステム

式 (6.51) から，状態フィードバックを用いることで，行列 $\boldsymbol{A}$ が，$(\boldsymbol{A} - \boldsymbol{BK})$ に変化していることがわかる。行列 $\boldsymbol{A}$ は制御しようとしているシステム既存の特性であるので，あとで自由に変えることができない。システムの安定性，速応性などは行列 $\boldsymbol{A}$ により左右される。

**システムが安定であるためには，行列 $\boldsymbol{A}$ の固有値の大きさは 1 以下である**必要がある。状態フィードバックを用いれば，行列 $(\boldsymbol{A} - \boldsymbol{BK})$ の固有値にシステムの安定性が依存することになる。

このように，システムを安定化するために用いられた式 (6.51) を**レギュレータ**（regulator）と呼び，この方法を元の極の配置を変化させることから**極配置問題**（pole assignment problem）という。

なお，ここでは証明は省略するが，**フィードバック係数ベクトル $\boldsymbol{K}$ が存在するためには，元のシステム $(\boldsymbol{A},\boldsymbol{B})$ は可制御でなければならない**（行列 $\boldsymbol{A}$ が正則の場合）。

## 6.5 状態フィードバックによる極配置

フィードバック係数ベクトル $K$ を求める方法はいくつか存在するが，ここでは1入力1出力系に限定して説明することにする。

まず，システムの可制御性を確認し，状態フィードバックが可能であるかをチェックする。

つぎに，元のシステムの特性方程式

$$\det[zI - A] = z^n + \alpha_{n-1}z^{n-1} + \cdots + \alpha_1 z + \alpha_0 = 0 \tag{6.53}$$

を求め係数 $\alpha$ を計算する。新しい希望の固有値から特性方程式を計算し，その特性方程式が

$$z^n + \theta_{n-1}z^{n-1} + \cdots + \theta_1 z + \theta_0 = 0 \tag{6.54}$$

であるとする。

続いて，状態フィードバック後の特性方程式が希望の固有値を持つようにするために，変換行列 $T$ を求める。

$$T = \begin{bmatrix} B & AB & \cdots & A^{n-1}B \end{bmatrix} \Delta_\alpha \tag{6.55}$$

ただし

$$\Delta_\alpha = \begin{bmatrix} \alpha_1 & \alpha_2 & \cdots & \alpha_{n-1} & 1 \\ \alpha_2 & \alpha_3 & \cdots & 1 & 0 \\ \vdots & \vdots & \vdots & \vdots & \vdots \\ \alpha_{n-1} & 1 & \cdots & \vdots & \vdots \\ 1 & 0 & \cdots & \cdots & 0 \end{bmatrix} \tag{6.56}$$

である。

最後に，係数ベクトル $K$ を次式により求めると

$$K = \bar{K}T^{-1} \tag{6.57}$$

$$= \begin{bmatrix} \theta_0 - \alpha_0 & \theta_1 - \alpha_1 & \cdots & \theta_{n-1} - \alpha_{n-1} \end{bmatrix} T^{-1} \tag{6.58}$$

が得られる。ただし，この場合に，希望する固有値が複素根のときは共役とする。

**例題 6.7** つぎのシステムの固有値を $\lambda_1 = -0.5$, $\lambda_2 = -0.6$ に変更するような状態フィードバックを実現せよ。

$$\begin{bmatrix} x_1[(n+1)T] \\ x_2[(n+1)T] \end{bmatrix} = \begin{bmatrix} 4 & -3 \\ 2 & -1 \end{bmatrix} \begin{bmatrix} x_1(nT) \\ x_2(nT) \end{bmatrix} + \begin{bmatrix} 0 \\ 1 \end{bmatrix} u(nT)$$

**【解答】** 元のシステムの特性方程式を調べると

$$\det[z\boldsymbol{I} - \boldsymbol{A}] = z^2 - 3z + 2$$
$$= (z-1)(z-2) = 0$$

となり,このシステムは不安定である。固有値を希望する固有値 $\lambda_1 = -0.5$, $\lambda_2 = -0.6$ に変更するように,状態フィードバックを構成するので

$$(z+0.5)(z+0.6) = z^2 + 1.1z + 0.3 = 0$$

である。したがって,$\alpha_0 = 2$, $\alpha_1 = -3$ であるので,変換行列 $\boldsymbol{T}$ は

$$\boldsymbol{T} = \begin{bmatrix} \boldsymbol{B} & \boldsymbol{AB} \end{bmatrix} \begin{bmatrix} \alpha_1 & 1 \\ 1 & 0 \end{bmatrix}$$
$$= \begin{bmatrix} 0 & -3 \\ 1 & -1 \end{bmatrix} \begin{bmatrix} -3 & 1 \\ 1 & 0 \end{bmatrix}$$
$$= \begin{bmatrix} -3 & 0 \\ -4 & 1 \end{bmatrix}$$

となる。よって,$\theta_0 = 0.3$, $\theta_1 = 1.1$ となり

$$\boldsymbol{K} = \bar{\boldsymbol{K}}\boldsymbol{T}^{-1}$$
$$= \begin{bmatrix} 0.3 - 2 & 1.1 + 3 \end{bmatrix} \begin{bmatrix} -\dfrac{1}{3} & 0 \\ -\dfrac{4}{3} & 1 \end{bmatrix}$$
$$= \begin{bmatrix} -\dfrac{14.7}{3} & 4.1 \end{bmatrix}$$

が得られる。 ◇

### 6.5.2 最適レギュレータによる制御

6.5.1 項で説明したように,状態フィードバックでレギュレータを構成する場合,設計者が新たな固有値を設定しなければならない。しかし,速応性を改

善する場合など，制御性能を向上させるためにはどのような固有値を選べばよいのであろうか。

そこで，設計する制御システムの制御性の良し悪しを評価するための指標を考え，それに従って設計したレギュレータを**最適レギュレータ**（optimal regulator）と呼んでいる（図 **6.9**）。高次や多入力系のシステムでは，極配置を行うのが複雑になるので，最適レギュレータはよく用いられる方法の一つである。

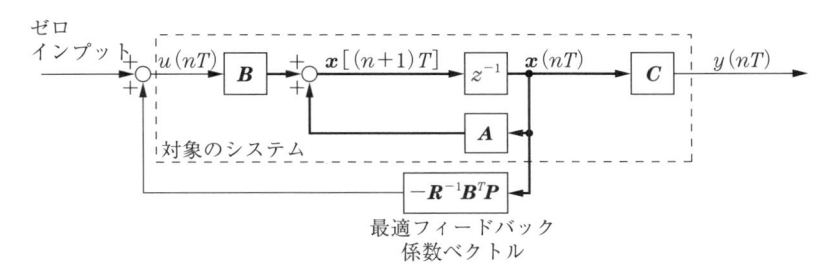

図 **6.9** 最適レギュレータシステム

式 (6.23) のシステムに対する最適レギュレータの設計指標に用いられる二次形式評価関数はつぎのようになる。

$$J = \sum_{n=0}^{\infty} \left[ \boldsymbol{x}^T(nT)\boldsymbol{Q}\boldsymbol{x}(nT) + \boldsymbol{u}^T(nT)\boldsymbol{R}\boldsymbol{u}(nT) \right] \quad (6.59)$$

ここで，$\boldsymbol{Q}$ は $n \times n$ の重み行列（半正定行列），$\boldsymbol{R}$ は $m \times m$ の重み行列（正定行列）である。この関数の第 1 項は状態の 2 乗積分誤差を表し，第 2 項は制御に必要なエネルギーを表している。重み $\boldsymbol{Q}$ の値を大きくすると，状態の変動を抑制することができる。また，重み $\boldsymbol{R}$ の値を大きくすると，入力の操作幅が小さくなる。

最適制御は，指標であるスカラ $J$ が最小になるような入力ベクトル $\boldsymbol{u}$ を決定することである。前節で説明したように，レギュレータが実現できるためには，システムが可制御である必要がある。この場合，決定された最適フィードバック係数ベクトル $\boldsymbol{K}_o$ は

$$K_o = -R^{-1}B^T P \tag{6.60}$$

で与えられる。

ここで，$P$ は $n \times n$ の対称行列で，つぎのリカッチ（Riccati）の方程式の定常解となる。

$$P = M - MB(R + B^T MB)^{-1} B^T M \tag{6.61}$$

なお，行列 $M$ は

$$M = Q + A^T MA - A^T MB(R + B^T MB)^{-1} BMA \tag{6.62}$$

で与えられる。

行列 $M$ を求めるには，つぎの行列 $W$ を計算する。行列 $W$ の固有値の中で絶対値が1以下のものを $\lambda_1, \cdots, \lambda_n$ とする。

$$W = \begin{bmatrix} A + BR^{-1}B^T A^{-1}Q & BR^{-1}B^T A^{-1} \\ -A^{-T}Q & A^{-T} \end{bmatrix} \tag{6.63}$$

つぎに，$\lambda_n$ に対応する行列 $W$ の固有ベクトル $[v_i^T, u_i^T]^T$ を求め

$$M = \begin{bmatrix} u_1 & u_2 & \cdots & u_n \end{bmatrix} \begin{bmatrix} v_1 & v_2 & \cdots & v_n \end{bmatrix}^{-1} \tag{6.64}$$

により，行列 $M$ が計算できる。

### 6.5.3　オブザーバを用いた制御

**6.5.2**項までの制御システムの設計では，状態変数はすべて測定できると仮定していた。しかし，現実の制御システムの設計では，**状態を表しているすべての状態変数を測定できない**ことが多い。このような場合には，**オブザーバ**（observer, estimator；状態観測器）をレギュレータと組み合わせて状態フィードバックを構成する（図 **6.10**）。

オブザーバは当時スタンフォード大学の Luenberger 教授が学生時代に考えついたもので，測定可能な出力信号から状態を推定するものである。

オブザーバを使用して制御システムを構成するには，元のシステムが可観測でなければならない。

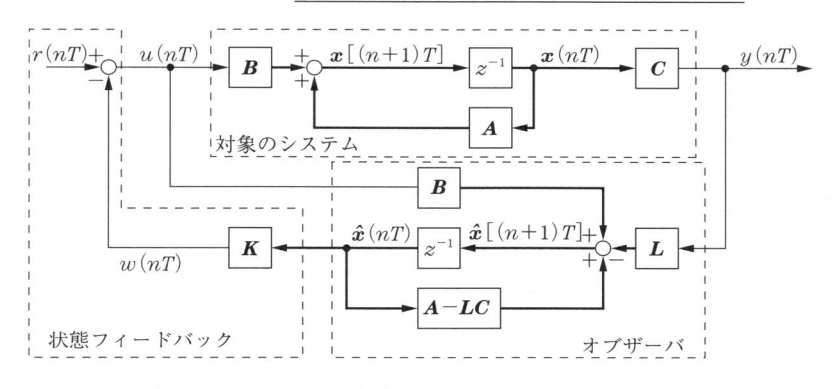

図 **6.10** オブザーバを含む状態フィードバックシステム

式(6.14)，式(6.15)で定義したシステムに対してオブザーバを構成する．オブザーバによって推定される状態ベクトルを $\widehat{\boldsymbol{x}}$ とすれば，オブザーバは

$$\widehat{\boldsymbol{x}}[(n+1)T] = (\boldsymbol{A} - \boldsymbol{LC})\widehat{\boldsymbol{x}}(nT) + \boldsymbol{B}u(nT) + \boldsymbol{L}y(nT) \tag{6.65}$$

で与えられる．ここで，$\boldsymbol{L}$ は**オブザーバ係数ベクトル**である．オブザーバが完全に動作すると

$$\lim_{n \to \infty} [\widehat{\boldsymbol{x}}(nT) - \boldsymbol{x}(nT)] \to 0 \tag{6.66}$$

となり，状態を推定することができる．ただし，オブザーバを構成するためには，**行列 ($\boldsymbol{A}, \boldsymbol{C}$) が可観測**でなければならない．

オブザーバは，元のシステムと同じ次数のもの（**$n$次元オブザーバ**（$n$–state observer, estimator））から，実現できる最低次数のもの（**最小次元オブザーバ**（minimum–order observer, estimator））まで実現できる．

つぎに，元のシステムより次数一つを下げた**次数削減オブザーバ**（reduced–order observer, estimator）を構成してみよう．

式(6.14)，式(6.15)で定義したシステムに対して，次数削減オブザーバを用いた状態フィードバックを適用してみよう．元のシステムは $n$ 次であるので，実現する次数削減オブザーバ $(n-1)$ 次元により推定される状態ベクトルを $\boldsymbol{z} = \boldsymbol{Tx}(nT)$ で表せば

$$z[(n+1)T] = Fz(nT) + Ly(nT) + Hu(nT) \qquad (6.67)$$

となる。ただし，$F$，$L$，$H$ はおのおの $(n-1) \times (n-1)$，$(n-1) \times 1$，$(n-1) \times 1$ の定数行列である。

オブザーバのシステム行列 $F$ の固有値が 1 以下であれば，このオブザーバは

$$\lim_{n \to \infty} |z(nT) - Tx(nT)| \to 0 \qquad (6.68)$$

を満足するように動作する。

オブザーバを求めるには，まず，式(6.67)の条件で固有値の大きさが 1 以下の $F$ を選定し，同じく，$(F, L)$ が可制御な $L$ を選ぶ。つぎに，リアプノフ方程式

$$TA - FT = LC \qquad (6.69)$$

より，行列 $T$ を求める。

その後，行列 $P$

$$P = \begin{bmatrix} C \\ T \end{bmatrix} \qquad (6.70)$$

の次数を調べ，一次ならもう一度最初に戻り，別の $F$，$L$ を選択し，同じ計算を行う。

もし，次数が一次以外なら，つぎに

$$H = TB \qquad (6.71)$$

を計算する。

よって，状態変数 $x$ の推定値 $\hat{x}$ が

$$\hat{x}(nT) = \begin{bmatrix} C \\ T \end{bmatrix}^{-1} \begin{bmatrix} y(nT) \\ z(nT) \end{bmatrix} \qquad (6.72)$$

が得られる。

**例題 6.8** つぎに示す二次のシステムに次数削減オブザーバを適用し，状態フィードバックシステムを構成せよ．

$$\begin{bmatrix} x_1[(n+1)T] \\ x_2[(n+1)T] \end{bmatrix} = \begin{bmatrix} 0 & 1 \\ 0 & -1 \end{bmatrix} \begin{bmatrix} x_1(nT) \\ x_2(nT) \end{bmatrix} + \begin{bmatrix} 0 \\ 10 \end{bmatrix} u(nT)$$

$$y(nT) = \begin{bmatrix} 1 & 0 \end{bmatrix} \begin{bmatrix} x_1(nT) \\ x_2(nT) \end{bmatrix}$$

【解答】 このシステムは二次システムであるので，構成する次数削減オブザーバは一次となり，行列 $\boldsymbol{F}$ と $\boldsymbol{L}$ はスカラになる．ここで，$\boldsymbol{F} = -4$ と $\boldsymbol{L} = 1$ とすれば，明らかに $(\boldsymbol{F}, \boldsymbol{L})$ は可制御である．また，行列 $\boldsymbol{T}$ は $1 \times 2$ となるので，$\boldsymbol{T} = [t_1 \ t_2]$ とする．よって，リアプノフ方程式は

$$\begin{bmatrix} t_1 & t_2 \end{bmatrix} \begin{bmatrix} 0 & 1 \\ 0 & -1 \end{bmatrix} - (-4) \begin{bmatrix} t_1 & t_2 \end{bmatrix} = 1 \times \begin{bmatrix} 1 & 0 \end{bmatrix}$$

となるので

$$\begin{cases} 4t_1 = 1 \\ t_1 - t_2 + 4t_2 = 0 \end{cases}$$

の方程式になる．これを解くと，$t_1 = 0.25$，$t_2 = -0.083$ が得られる．つぎに

$$\boldsymbol{P} = \begin{bmatrix} \boldsymbol{C} \\ \boldsymbol{T} \end{bmatrix}$$

$$= \begin{bmatrix} 1 & 0 \\ 0.25 & -0.083 \end{bmatrix}$$

の次数は明らかに一次ではないので

$$\boldsymbol{H} = \boldsymbol{TB}$$

$$= \begin{bmatrix} 0.25 & -0.083 \end{bmatrix} \begin{bmatrix} 0 \\ 10 \end{bmatrix}$$

$$= -0.83$$

となる．よって，一次のオブザーバはつぎのようになる．

$$z([n+1]T) = -4z(nT) + y(nT) - 0.83u(nT)$$

$$\widehat{\boldsymbol{x}}(nT) = \left[\begin{array}{c} \boldsymbol{C} \\ \boldsymbol{T} \end{array}\right]^{-1} \left[\begin{array}{c} y(nT) \\ z(nT) \end{array}\right]$$

$$= \left[\begin{array}{cc} 1 & 0 \\ 3 & -12 \end{array}\right] \left[\begin{array}{c} y(nT) \\ z(nT) \end{array}\right]$$

$$= \left[\begin{array}{c} y(nT) \\ 3y(nT) - 12z(nt) \end{array}\right]$$

◇

式 (6.14),式 (6.15) に対して,オブザーバを使用した状態フィードバックを適用した場合,全体のシステムの状態方程式がどのように変化するのかを調べてみよう。まず,以前に述べたように,状態フィードバックは

$$u(nT) = r(nT) - \boldsymbol{K}\boldsymbol{x}(nT) \tag{6.73}$$

で表されるが,状態 $\boldsymbol{x}(nT)$ は測定できないとする。この場合,オブザーバ

$$\widehat{\boldsymbol{x}}[(n+1)T] = (\boldsymbol{A} - \boldsymbol{G}\boldsymbol{C})\widehat{\boldsymbol{x}}(nT) + \boldsymbol{B}u(nT) + \boldsymbol{G}y(nT) \tag{6.74}$$

が実現できるとすれば,式 (6.73) は

$$u(nT) = r(nT) - \boldsymbol{K}\widehat{\boldsymbol{x}}(nT) \tag{6.75}$$

と書き換えられる。ただし,$\boldsymbol{G}$ はオブザーバのゲインである。これにより,式 (6.75) を元の状態方程式に代入して

$$\boldsymbol{x}[(n+1)T] = \boldsymbol{A}\boldsymbol{x}(nT) + \boldsymbol{B}(r(nT) - \boldsymbol{K}\widehat{\boldsymbol{x}}(nT)) \tag{6.76}$$

が得られ,式 (6.74) と式 (6.75) により

$$\widehat{\boldsymbol{x}}[(n+1)T]$$
$$= (\boldsymbol{A} - \boldsymbol{G}\boldsymbol{C})\widehat{\boldsymbol{x}}(nT) + \boldsymbol{G}\boldsymbol{C}\boldsymbol{x}(nT) + \boldsymbol{B}(r(nT) - \boldsymbol{K}\widehat{\boldsymbol{x}}(nT)) \tag{6.77}$$

が得られる。式 (6.76) と式 (6.77) をまとめると

$$\left[\begin{array}{c} x[(n+1)T] \\ \widehat{x}[(n+1)T] \end{array}\right] = \left[\begin{array}{cc} \boldsymbol{A} & -\boldsymbol{B}\boldsymbol{K} \\ \boldsymbol{G}\boldsymbol{C} & \boldsymbol{A} - \boldsymbol{G}\boldsymbol{C} - \boldsymbol{B}\boldsymbol{K} \end{array}\right] \left[\begin{array}{c} x(nT) \\ \widehat{x}(nT) \end{array}\right] + \left[\begin{array}{c} \boldsymbol{B} \\ \boldsymbol{B} \end{array}\right] r(nT) \tag{6.78}$$

6.5 状態フィードバックによる極配置　161

$$y(nT) = \begin{bmatrix} C & 0 \end{bmatrix} \begin{bmatrix} x(nT) \\ \widehat{x}(nT) \end{bmatrix} \tag{6.79}$$

となる。この状態方程式からシステムの伝達関数を求めると明らかであるが，元のシステムで設計した状態フィードバックにオブザーバを接続しても，全体の伝達関数には影響を与えない。このことは，オブザーバは独立に設計できることを意味している。

---

**例題 6.9** つぎに示すシステムパルスの伝達関数は
$$H(z) = \frac{10}{z(z+1)}$$
である。次数削減オブザーバを用いた状態フィードバックを構成し，特性方程式を $z^2 + 0z + 0$ にせよ。

$$\begin{bmatrix} x_1[(n+1)T] \\ x_2[(n+1)T] \end{bmatrix} = \begin{bmatrix} 0 & 1 \\ 0 & -1 \end{bmatrix} \begin{bmatrix} x_1(nT) \\ x_2(nT) \end{bmatrix} + \begin{bmatrix} 0 \\ 10 \end{bmatrix} u(nT)$$

$$y(nT) = \begin{bmatrix} 1 & 0 \end{bmatrix} \begin{bmatrix} x_1(nT) \\ x_2(nT) \end{bmatrix}$$

---

【解答】　元の特性方程式は $\det(z\boldsymbol{I} - \boldsymbol{A})$ により計算できるので

$$\begin{aligned}
\det(z\boldsymbol{I} - \boldsymbol{A}) &= \det \begin{bmatrix} z & -1 \\ 0 & z+1 \end{bmatrix} \\
&= z(z+1) \\
&= z^2 + z + 0
\end{aligned}$$

となるので，$a_1 = 1$，$a_2 = 0$ が得られる。

一方，状態フィードバックにより極配置を行い，元の特性方程式を $z^2 + 0z + 0$ にするので

$$\bar{a}_1 = 0, \quad \bar{a}_2 = 0$$

である。

よって，可制御形式の状態フィードバックゲイン $\boldsymbol{K}'$ は

$$\boldsymbol{K}' = \begin{bmatrix} \bar{a}_1 - a_1 & \bar{a}_2 - a_2 \end{bmatrix}$$

$$= \begin{bmatrix} 0-1 & 0-0 \end{bmatrix}$$
$$= \begin{bmatrix} -1 & 0 \end{bmatrix}$$

が得られる。

また，変換行列 $\boldsymbol{P}^{-1}$ は

$$\boldsymbol{P}^{-1} = \begin{bmatrix} \boldsymbol{B} & \boldsymbol{AB} \end{bmatrix} \begin{bmatrix} 1 & a_1 \\ 0 & 1 \end{bmatrix}$$
$$= \begin{bmatrix} 0 & 10 \\ 10 & -10 \end{bmatrix} \begin{bmatrix} 1 & 1 \\ 0 & 1 \end{bmatrix}$$
$$= \begin{bmatrix} 0 & 10 \\ 10 & 0 \end{bmatrix}$$

が得られる。

したがって，状態フィードバックゲイン $\boldsymbol{K}$ は

$$\boldsymbol{K} = \boldsymbol{K}'\boldsymbol{P}$$
$$= \begin{bmatrix} -1 & 0 \end{bmatrix} \begin{bmatrix} 0 & 0.1 \\ 0.1 & 0 \end{bmatrix}$$
$$= \begin{bmatrix} 0 & -0.1 \end{bmatrix}$$

が得られる。

つぎに，次数削減オブザーバを計算する。元のシステムの次数は二次であるので，ここでは一次のオブザーバを構成することになる。

$$\boldsymbol{TA} - \boldsymbol{FT} = \boldsymbol{LC}$$

において

$$\boldsymbol{F} = 0.1, \quad \boldsymbol{L} = 1$$

を選択する。

これにより，行列 $(\boldsymbol{F}, \boldsymbol{L})$ は可制御である。行列 $\boldsymbol{T}$ は $1 \times 2$ の大きさなので

$$\boldsymbol{T} = [t_1 \ t_2]$$

とする。

$$\begin{bmatrix} t_1 & t_2 \end{bmatrix} \begin{bmatrix} 0 & 1 \\ 0 & -1 \end{bmatrix} - 0.1 \begin{bmatrix} t_1 & t_2 \end{bmatrix} = 1 \times \begin{bmatrix} 1 & 0 \end{bmatrix}$$

よって

$$\begin{cases} -0.1 t_1 = 1 \\ t_1 - 1.1 t_2 = 0 \end{cases}$$

が得られる。したがって，$t_1 = -10$, $t_2 = -9.09$ となる。

つぎに
$$P = \begin{bmatrix} C \\ T \end{bmatrix}$$
$$= \begin{bmatrix} 1 & 0 \\ -10 & -9.09 \end{bmatrix}$$
の次数は明らかに一次でないので
$$h = TB$$
$$= \begin{bmatrix} -10 & -9.09 \end{bmatrix} \begin{bmatrix} 0 \\ 10 \end{bmatrix}$$
$$= -90.9$$
となる。

よって，一次のオブザーバは
$$z[(n+1)T] = 0.1z(nT) + y(nT) - 90.9u(nT)$$
$$\hat{x}(nT) = \begin{bmatrix} C \\ T \end{bmatrix}^{-1} \begin{bmatrix} y(nT) \\ z(nT) \end{bmatrix}$$
$$= \begin{bmatrix} 1 & 0 \\ -1.1 & -0.11 \end{bmatrix} \begin{bmatrix} y(nT) \\ z(nT) \end{bmatrix}$$
$$= \begin{bmatrix} y(nT) \\ -1.1y(nT) - 0.11z(nT) \end{bmatrix}$$
が得られる。

図 **6.11** に一次のオブザーバを使用した状態フィードバックシステムを示す。

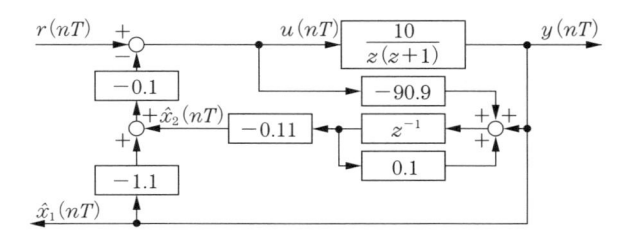

**図 6.11** 一次のオブザーバを使用した状態フィードバックシステム ◇

### 6.5.4 カルマンフィルタを用いた制御

状態変数 $x$ を直接観測できない場合が現実では多いので，6.5.3 項ではオブザーバを使用した状態フィードバックを述べた。これは，システムノイズ（制御システム自身が発生する雑音でプロセスノイズともいう）や，測定ノイズ（測定値に含まれる雑音）が無視できる理想的な環境では有効である。しかし，これらノイズが無視できない場合，果たして制御は実現できないのであろうか。

この問題を解決するために，統計的手法でオブザーバを設計する手法が考案された。1940 年代に N.Wiener が発表した**ウィーナーフィルタ**（Wiener filter）と，1960 年代の初めに R.E.Kalman が発表した**カルマンフィルタ**（Kalman filter）が有名である。

これらの詳細な記述は省略するが，カルマンフィルタは，ノイズの統計的性質を既知として，分散を最小にするようにゲインを刻々と変化させ，つねに誤差が最小な状態変数 $x$ を推定するオブザーバである。このようなオブザーバを使用した制御を**最小分散制御**（minimum variance control）と呼んでいる。ここではウィーナーフィルタをさらに発展させたカルマンフィルタを述べることにする。

多入力多出力系の離散時間システムにシステムノイズ $v(nT)$ と観測ノイズ $w(nT)$ が加わるような式(6.80)，式(6.81)のモデルを考える。

$$x[(n+1)T] = Ax(nT) + Bu(nT) + v(nt) \tag{6.80}$$

$$y(nT) = Cx(nT) + w(nT) \tag{6.81}$$

ここで，$x(nT)$ は $n$ 次元の**状態ベクトル**，$u(nT)$ は $r$ 次元の**入力ベクトル**，$y(nT)$ は $m$ 次元の**出力ベクトル**である。$A$, $B$, $C$ は，おのおの $n \times n$, $n \times r$, $m \times n$ の行列である。また，$v(nT)$ は $n$ 次元，$w(nT)$ は $m$ 次元ベクトルで，たがいに独立（無相関）で平均値ゼロになる正規分布なノイズ（**白色ガウス雑音**；white Gaussian noise）であるとする。さらに，これらノイズの**共分散**（covariance）は

$$E\left[\boldsymbol{v}(nT)\boldsymbol{v}^T[(n+k)T]\right] = \boldsymbol{Q}\delta(kT) \tag{6.82}$$

$$E\left[\boldsymbol{w}(nT)\boldsymbol{w}^T[(n+k)T]\right] = \boldsymbol{R}\delta(kT) \tag{6.83}$$

で定義される。

カルマンフィルタは，ノイズの影響を受ける制御システムの状態変数 $\boldsymbol{x}(nT)$ の最良な推定値 $\widehat{\boldsymbol{x}}(nT)$ を評価関数

$$J = E\left[\{\boldsymbol{x}(nT) - \widehat{\boldsymbol{x}}(nT)\}^T \{\boldsymbol{x}(nT) - \widehat{\boldsymbol{x}}(nT)\}\right] \tag{6.84}$$

を最小にすることで，**カルマンフィルタゲイン**（Kalman filter gain）$\boldsymbol{K_k}(nT)$ を決定する。

この場合，カルマンフィルタは，時刻 $n = 0$ から現在までの観測で

$$\begin{aligned}
&\widehat{\boldsymbol{x}}[(n+1)T] \\
&= \boldsymbol{A}\widehat{\boldsymbol{x}}(nT) + \boldsymbol{B}\boldsymbol{u}(nT) + \boldsymbol{K_k}(nT)\left[\boldsymbol{y}(nT) - \boldsymbol{C}\widehat{\boldsymbol{x}}(nT)\right] \quad (6.85)\\
&= [\boldsymbol{A} - \boldsymbol{K_k}(nT)\boldsymbol{C}]\widehat{\boldsymbol{x}}(nT) + \boldsymbol{K_k}(nT)\boldsymbol{y}(nT) + \boldsymbol{B}\boldsymbol{u}(nT) \quad (6.86)
\end{aligned}$$

の構成により，最適な状態変数の推定値 $\widehat{\boldsymbol{x}}[(n+1)T]$ が得られる。カルマンフィルタゲイン $\boldsymbol{K_k}(nT)$ は

$$\boldsymbol{K_k}(nT) = \boldsymbol{P}(nT)\boldsymbol{C}^T\boldsymbol{R}^{-1} \tag{6.87}$$

で与えられる。

ここで，$\boldsymbol{P}(nT)$ は推定値の**誤差共分散行列**（error covariance matrix）であり，先ほど述べた式 (6.84) で表した評価関数そのものであって

$$\boldsymbol{P}(nT) = E\left[\{\boldsymbol{x}(nT) - \widehat{\boldsymbol{x}}(nT)\}^T \{\boldsymbol{x}(nT) - \widehat{\boldsymbol{x}}(nT)\}\right] \tag{6.88}$$

で定義される $n \times n$ 行列であり，式 (6.89) のリカッチの方程式の正定対称な解で与えられる。

$$\begin{aligned}
&\boldsymbol{P}[(n+1)T] \\
&= \boldsymbol{A}\boldsymbol{P}(nT) + \boldsymbol{P}(nT)\boldsymbol{A}^T + \boldsymbol{Q} - \boldsymbol{P}(nT)\boldsymbol{C}^T\boldsymbol{R}^{-1}\boldsymbol{C}\boldsymbol{P}(nT) \quad (6.89)
\end{aligned}$$

誤差共分散の時間変化を見ることで，カルマンフィルタの動作の度合いを把握することができる。カルマンフィルタは，係数行列を時間的に制御させ，

時々刻々と変化する雑音を含むダイナミックな状態を推定することができ、きわめて実用的なオブザーバである。

**図6.12**にカルマンフィルタを用いた最適状態フィードバックシステムを示す。カルマンフィルタは**最適推定問題**（optimal estimation problem）を解くオブザーバの一種であるので、これ単独では制御システムに応用できない。

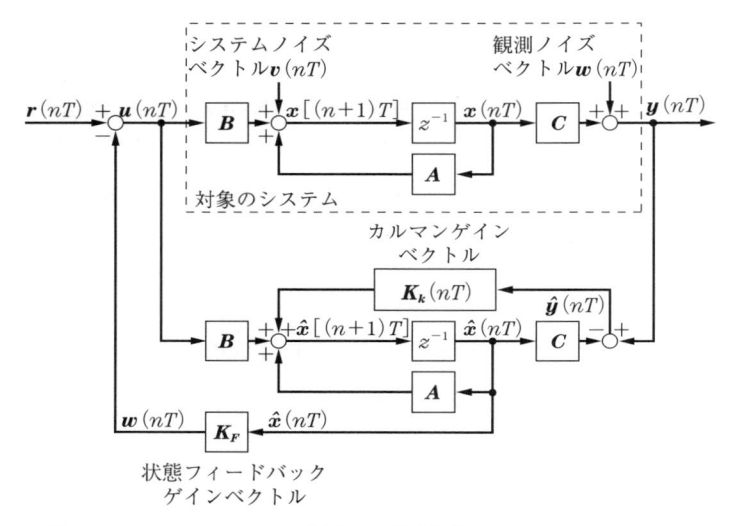

**図6.12** カルマンフィルタを用いた最適状態フィードバックシステム

しかし、**6.5.3**項で述べたオブザーバを用いた状態フィードバックを構成することで、**最適制御問題**（optimal control problem）を解く制御システムを容易に実現することができる。具体的には、カルマンフィルタと状態フィードバックを別々に解けばよい。制御システムとしての構成は、カルマンフィルタゲインが時間的に変化することを除き、前節のオブザーバを用いた場合とまったく同じである。

十分に観測を行い、定常状態になったカルマンフィルタは**定常カルマンフィルタ**（steady state Kalman filter）と呼ばれ、先に述べたウィーナーフィルタと等価である。また、その構成は、最適レギュレータと同じであり、状態フィードバックゲインは時間とともに変化しない。

定常カルマンフィルタの設計は，つぎのように最適レギュレータからパラメータの置き換えで行うことができる。

定常カルマンフィルタは

$$\widehat{\boldsymbol{x}}[(n+1)T] = (\boldsymbol{A} - \boldsymbol{K_k}\boldsymbol{C})\widehat{\boldsymbol{x}}(nT) + \boldsymbol{K_k}\boldsymbol{y}(nT) + \boldsymbol{B}\boldsymbol{u}(nT) \quad (6.90)$$

となり，ゲイン（一定）は

$$\boldsymbol{K_k} = \boldsymbol{P}\boldsymbol{C}^T\boldsymbol{R}^{-1} \quad (6.91)$$

となる。図6.9および図6.12，式(6.51)に示す $\boldsymbol{A} - \boldsymbol{B}\boldsymbol{K}$ および式(6.90)に示す $\boldsymbol{A} - \boldsymbol{K_k}\boldsymbol{C}$，式(6.60)および式(6.91)を比較することにより

$$\boldsymbol{K_k} \Longrightarrow \boldsymbol{K}^T \quad (6.92)$$
$$\boldsymbol{A} \Longrightarrow \boldsymbol{A}^T \quad (6.93)$$
$$\boldsymbol{B} \Longrightarrow \boldsymbol{C}^T \quad (6.94)$$
$$\boldsymbol{C} \Longrightarrow \boldsymbol{B}^T \quad (6.95)$$

が得られ，最適レギュレータから係数変換だけで定常カルマンフィルタを実現できる。なお，式(6.92)から式(6.95)は，行列積の転置行列に関する定理，$\boldsymbol{P}$ および $\boldsymbol{R}^{-1}$ が対称行列であることを利用して導出した。

---

**例題 6.10** つぎに示す制御対象に，つぎのようなシステムノイズと観測ノイズが加わった場合の定常カルマンフィルタを構成せよ。なお，すでに最適レギュレータは構成できており，状態フィードバックゲイン $\boldsymbol{K} = [1\ 1]$ が得られているものとする。

$$\begin{bmatrix} x_1[(n+1)T] \\ x_2[(n+1)T] \end{bmatrix} = \begin{bmatrix} 0 & 1 \\ -2 & -3 \end{bmatrix} \begin{bmatrix} x_1(nT) \\ x_2(nT) \end{bmatrix} + \begin{bmatrix} 0 \\ 1 \end{bmatrix} u(nT) + v(nT)$$

$$y(nT) = \begin{bmatrix} 0 & 1 \end{bmatrix} \begin{bmatrix} x_1(nT) \\ x_2(nT) \end{bmatrix} + w(nT)$$

$$E\left[\boldsymbol{v}(nT)\boldsymbol{v}^T([n+k]T)\right] = \begin{bmatrix} 5 & 0 \\ 0 & 5 \end{bmatrix} \delta(kT)$$

$$E\left[\boldsymbol{w}(nT)\boldsymbol{w}^T([n+k]T)\right] = \delta(kT)$$

---

【解答】　与えられたノイズの共分散行列より
$$\boldsymbol{Q} = \begin{bmatrix} 5 & 0 \\ 0 & 5 \end{bmatrix}$$
$$\boldsymbol{R} = 1$$

である。

よって，定常カルマンフィルタは最適レギュレータと構成は同じであるので，式(6.92)から式(6.95)より

$$\boldsymbol{K}^T = \begin{bmatrix} 1 & 1 \end{bmatrix}^T$$
$$= \begin{bmatrix} 1 \\ 1 \end{bmatrix}$$
$$\boldsymbol{A}^T = \begin{bmatrix} 0 & 1 \\ -2 & -3 \end{bmatrix}^T$$
$$= \begin{bmatrix} 0 & -2 \\ 1 & -3 \end{bmatrix}$$
$$\boldsymbol{C}^T = \begin{bmatrix} 0 & 1 \end{bmatrix}^T$$
$$= \begin{bmatrix} 0 \\ 1 \end{bmatrix}$$
$$\boldsymbol{B}^T = \begin{bmatrix} 0 \\ 1 \end{bmatrix}^T$$
$$= \begin{bmatrix} 0 & 1 \end{bmatrix}$$

となる。

式(6.90)および式(6.92)から式(6.95)を考慮し，$\boldsymbol{A}^T - \boldsymbol{K}^T\boldsymbol{B}^T$ を求めることにより定常カルマンフィルタは

$$\widehat{\boldsymbol{x}}[(n+1)T] = \begin{bmatrix} 0 & -3 \\ 1 & -4 \end{bmatrix} \widehat{\boldsymbol{x}}(nT) + \begin{bmatrix} 1 \\ 1 \end{bmatrix} y(nT) + \begin{bmatrix} 0 \\ 1 \end{bmatrix} u(nT)$$

となる。　　　　　　　　　　　　　　　　　　　　　　　　◇

### コーヒーブレイク

　読者はフライバイワイヤ（fly–by–wire）という用語をご存じだろうか。航空業界から生まれたこの用語は，ロッドやワイヤケーブルなどの機械機構により構成されていた航空機の操縦システムを電気信号により行うことを意味している。もう少し詳しく説明すると，従来は，航空機のパイロットが操縦桿を操作すると，機械的につながった昇降舵などが動き，揚力が発生し，機体の姿勢を変化させていたが，フライバイワイヤシステムでは，センサがとらえた操縦桿の動きをもとに，コンピュータが機体の特性や速度などのデータから，アクチュエータを動かし，効果的に昇降舵を操作する。

　フライバイワイヤシステムには，ディジタル制御理論が多く用いられており，この制御理論の工夫しだいで，機体ごとの特性差を除いたり，誤った操作を防止したり，不安定な機体を安定に操縦したりすることが可能になった。近代のジェット戦闘機から生まれたこの技術は，いまでは，ボーイング777などの民間機などでも実用になっている。

　自動車レースの最高峰であるFomula 1レースでも，数年前から，アクセル操作の部分にこのフライバイワイヤシステムを装備したレーシングカーで走ることが常識となっており，数年後には身近な自家用車でも実用になるかもしれない。

(http://www.barhondaf1.com/)

レーシングカー

## 演 習 問 題

**【1】** つぎの状態方程式で表されるシステムの出力 $y(0)$, $y(1)$, $y(2)$ を求めよ。

$$\boldsymbol{x}[(n+1)T] = \begin{bmatrix} -2 & 1 \\ 1 & -3 \end{bmatrix} \boldsymbol{x}(nT) + \begin{bmatrix} 1 \\ 2 \end{bmatrix} u(nT)$$

$$y(nT) = \begin{bmatrix} -1 & 1 \end{bmatrix} \boldsymbol{x}(nT)$$

ただし，初期値は

$$\boldsymbol{x}[0] = \begin{bmatrix} 2 \\ 1 \end{bmatrix}$$

とせよ。

**【2】** つぎのパルス伝達関数を実現する状態空間表示を求めよ。ただし，状態空間表示は可制御標準形式とせよ。

(1) $H(z) = \dfrac{2(z^3 - 1.5z^2 + 1.24z - 0.64)}{z^3 - 2.5z^2 + 2.04z - 0.54}$

(2) $H(z) = \dfrac{3z^2 - 2z + 8}{z^3 + 0.5z^2 + 0.25z + 0.75}$

(3) $H(z) = \dfrac{10}{z^2 + 2z + 2}$

**【3】** つぎに示す状態方程式で表されるシステムの可制御性と可観測性を判別せよ。

$$\boldsymbol{x}[(n+1)T] = \begin{bmatrix} 0 & -1 \\ 1 & 0 \end{bmatrix} \boldsymbol{x}(nT) + \begin{bmatrix} 1 \\ 0 \end{bmatrix} u(nT)$$

$$y(nT) = \begin{bmatrix} 1 & 0 \end{bmatrix} \boldsymbol{x}(nT)$$

**【4】** つぎに示す状態方程式で表されるシステムにおいて極を $\lambda_1 = -0.5$, $\lambda_2 = -(1/\sqrt{2})i$, $\lambda_3 = (1/\sqrt{2})i$ に配置することが可能な状態フィードバックを構成せよ。

$$\boldsymbol{x}[(n+1)T] = \begin{bmatrix} 0 & -1 & 1 \\ 1 & 0 & -1 \\ 0 & 1 & 0.5 \end{bmatrix} \boldsymbol{x}(nT) + \begin{bmatrix} 0 \\ 0 \\ 1 \end{bmatrix} u(nT)$$

# 7

# コントローラの実装

## 7.1 制御アルゴリズムの実装

　制御対象となる機械は，連続時間系のためラプラス変換によりモデル化されるが，マイクロコンピュータにより構成されるコントローラは離散時間系として扱わなければならない。このため，制御アルゴリズムは $z$ 変換，すなわち，シフトオペレータ $z$ により記述される。マイクロコンピュータによるディジタルフィードバック制御では，まず，要求される仕様を満足するように制御理論に基づいて制御則を求め，ついで，求められた制御則をコントローラとしてマイクロコンピュータに実装する。離散時間系における伝達関数や状態方程式で表現された制御アルゴリズムをマイクロコンピュータに実装する際に，$z$ 変換で表現された伝達関数や状態方程式を差分方程式に変換する必要がある。しかし，実装する差分方程式は，ブロック線図の等価変換や状態方程式における相似変換により，一意に定まらない。そこで，使用するマイクロコンピュータの語長，固定・浮動小数点演算，演算速度などを考慮して演算誤差が少なく，要求する仕様を満たすような制御アルゴリズムの実装形式を選択する必要がある。この問題は**実現問題**（realization problem）と呼ばれる。メカトロニクスにおける制御では，高速，低消費電力，省スペース，高信頼性などの観点から固定小数点演算を基本としたマイクロコンピュータが多用される。

　以下に，制御アルゴリズムの固定小数点マイクロコンピュータへの実装時における評価指針を示す。

(1) 演算量
(2) コントローラが入力を得てから出力するまでの演算遅延時間
(3) アルゴリズム係数の数
(4) アルゴリズム係数のとりうる値の範囲
(5) アルゴリズム係数の表現誤差に関する感度
(6) 入出力以外の内部変数の数
(7) 入出力以外の内部変数のとりうる値の範囲
(8) 演算の打切り誤差によるノイズの発生量

## 7.2 コントローラの差分方程式への変換

### 7.2.1 伝達関数の変換

$z^{-1}$ は

$$X(k-1) = z^{-1}x(k) \tag{7.1}$$

のように，信号 $x(k)$ をサンプリング時間 $T$ だけ遅延させる。コントローラは現在および過去の入出力信号しか利用できない。そこで，$z$ の多項式で表現された伝達関数（コントローラ）を $z^{-1}$ で表現することにより，制御アルゴリズムを差分方程式として導出する。

伝達関数 $H(z^{-1})$ は

$$H(z^{-1}) = \frac{b_0 + b_1 z^{-1} + \cdots + b_n z^{-n}}{1 + a_1 z^{-1} + \cdots + a_n z^{-n}} \qquad n \geqq m \tag{7.2}$$

で表される。

### 7.2.2 ダイレクト構造

**ダイレクト構造**（direct structure）は伝達関数における係数 $a_i$, $b_i$ が直接ブロック線図の係数になる構造で，以下に示す 1D, 2D, 3D, 4D の 4 種類の構造がある。さらに，共役複素数の極を持つ二次系に限り，1X, 2X という構造がある[5]。

〔1〕 **1D 構 造**　1D 構造は，図 **7.1** に示すような構造になっている。

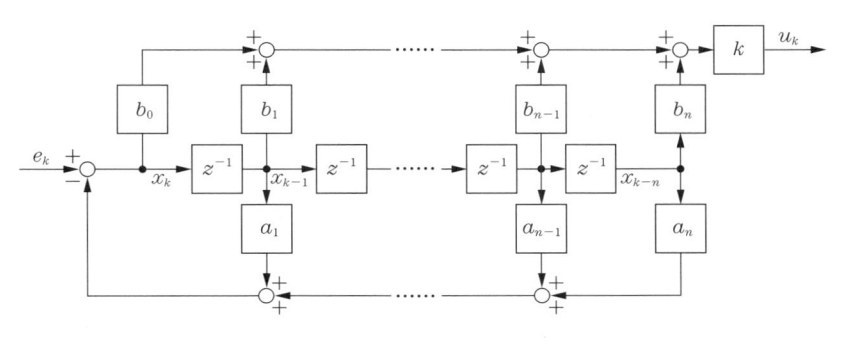

図 **7.1**　1D 構 造

この図より，アルゴリズムが式 (7.3) のように求まる。

$$\left.\begin{array}{l} x_k = e_k - \sum_{i=1}^{n} a_i\, x_{k-i} \\ u_k = k \sum_{i=0}^{n} b_i\, x_{k-i} \end{array}\right\} \quad (7.3)$$

〔2〕 **2D 構 造**　2D 構造は，図 **7.2** に示すような構造になっている。

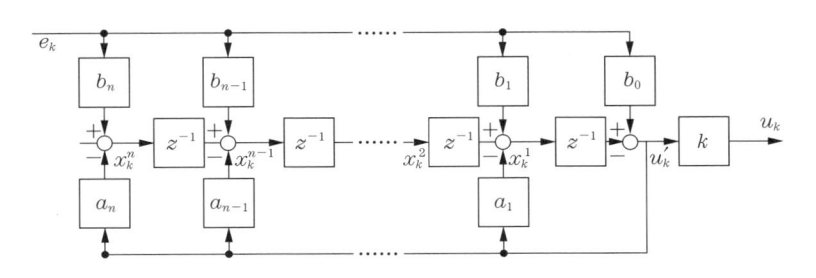

図 **7.2**　2D 構 造

この図より，アルゴリズムが式 (7.4) のように求まる。

$$\left.\begin{array}{l} x_k^i = x_{k-1}^{i+1} + b_i\, e_k - a_i\, u_k' \\ x_k^n = b_n\, e_k - a_n\, u_k' \\ u_k' = b_0\, e_k + x_{k-1}^1 \\ u_k = k\, u_k' \end{array}\right\} \quad (7.4)$$

174    7. コントローラの実装

〔3〕**3D 構 造**　3D構造は，図**7.3**に示すような構造になっている。

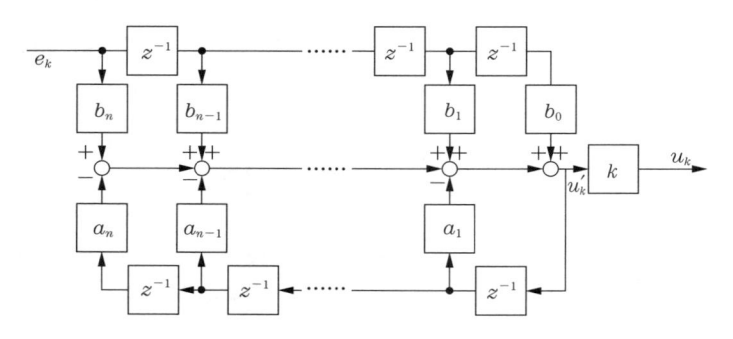

**図 7.3**　3D 構 造

この図より，アルゴリズムが

$$\left.\begin{array}{l} u'_k = \sum_{i=0}^{n} b_i\, e_{k-i} - \sum_{i=1}^{n} a_i\, u'_{k-i} \\ u_k = k u'_k \end{array}\right\} \tag{7.5}$$

のように求まる。

〔4〕**4D 構 造**　4D構造は，図**7.4**に示すような構造になっている。

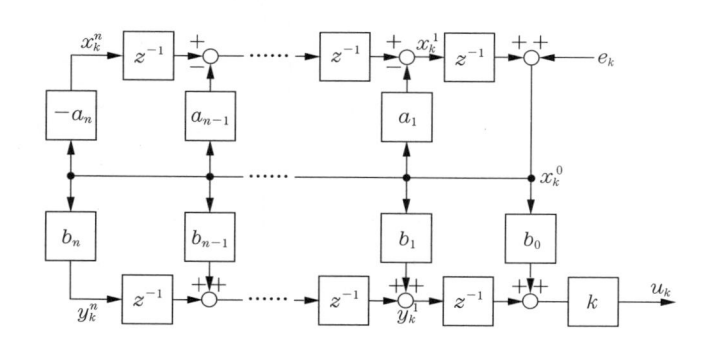

**図 7.4**　4D 構 造

この図より，アルゴリズムが

$$\left.\begin{aligned}
x_k^0 &= e_k + x_{k-1}^1 \\
y_k^n &= b_n\, x_k^0 \\
x_k^n &= -a_n\, x_k^0 \\
y_k^i &= b_i\, x_k^0 + y_{k-1}^{i+1} \quad i = 1, n-1 \\
x_k^i &= -a_i\, x_k^0 + x_{k-1}^{i+1} \\
u_k &= k\left(b_0\, x_k^0 + y_{k-1}^1\right)
\end{aligned}\right\} \tag{7.6}$$

のように求まる。

多くのマイクロコンピュータが固定小数点演算を基本としており，2D や 4D の構造では内部変数が**オーバフロー**する可能性があり，内部変数は少ないほうがよい。それゆえ，1D や 3D の構造のほうがコントローラに適している。なお，高次系では，コントローラの極や零点の位置がアルゴリズム係数のわずかな表現誤差により大きく変化する。そこで，高次系では部分分数分解を利用して，一次および二次の伝達関数に分割して実装する。

### 7.2.3 直 列 構 造

高次の伝達関数を式(7.7)に示すように一次または二次の伝達関数の直列接続になるように分解し，各伝達関数はダイレクト構造や 1X, 2X 構造により演算する構造である。

$$H(z^{-1}) = \frac{\prod_{i=1}^{l} h_n^i(z^{-1})}{\prod_{i=1}^{l} h_d^i(z^{-1})} = \prod_{i=1}^{l} H_i^c(z^{-1}) \tag{7.7}$$

ただし

$$\begin{aligned}
h_n^i(z^{-1}) &= b_{0c}^i + b_{1c}^i\, z^{-1} + b_{2c}^i\, z^{-2} \\
h_d^i(z^{-1}) &= 1 + a_{1c}^i\, z^{-1} + a_{2c}^i\, z^{-2}
\end{aligned}$$

とする。

式(7.7)で表される直列構造を図 **7.5** に示す。

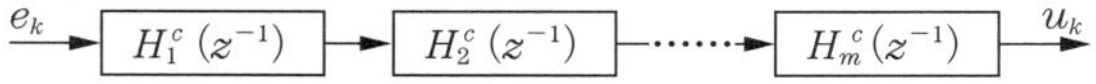

$e_k \rightarrow \boxed{H_1^c(z^{-1})} \rightarrow \boxed{H_2^c(z^{-1})} \rightarrow \cdots\cdots \rightarrow \boxed{H_m^c(z^{-1})} \rightarrow u_k$

図 7.5 直列構造

この構造は前のブロックの演算が終了しないとつぎのブロックの演算ができないため,入力から出力までの演算遅延時間が大きくなる。また,高次の伝達関数を一次または二次の伝達関数に分解する場合,複数の極と零点をどのように組み合わせるかという新たな問題が生じる。この組合せに関して指針が与えられているが,定性的な記述にとどまっており,実際の伝達関数に適用することは困難である[5]。

さらに,分解された伝達関数の演算の順序により,分解された各伝達関数への入出力信号のダイナミックレンジが大きく変化するため,演算の順番が演算誤差に大きく影響する。

### 7.2.4 並 列 構 造

高次の伝達関数を式(7.8)に示すように,部分分数分解により一次または二次の伝達関数の並列構造に分解し,各伝達関数はダイレクト構造や1X, 2X構造により演算する構造である。

$$H(z^{-1}) = h_0^p + \sum_{i=1}^{l} H_i^p(z^{-1}) \tag{7.8}$$

ただし
$$H_i^p(z^{-1}) = \frac{b_{1p}^i z^{-1} + b_{2p}^i z^{-2}}{1 + a_{1p}^i z^{-1} + a_{2p}^i z^{-2}}$$
とする。

式(7.8)で表される並列構造を図 **7.6** に示す。

並列構造に分解する手法は一意に定まるため,直列構造のように極と零点のペアを考える必要がない。

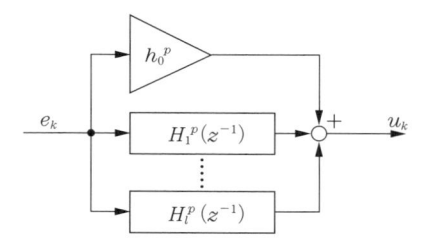

図 **7.6** 並列構造

### 7.2.5 状態方程式構造

相似変換により状態方程式は無数に表現できるため，評価関数を設定して最適な表現を求めなければならない。また，最適な表現が得られても，個々の事例について行列のどの成分が 0 か 1 になるのか不明であり，結局はすべての成分について演算しなければならないなど，演算量および演算精度の面で問題がある。

## 7.3 マイクロコンピュータへの実装

### 7.3.1 一次系の実装

一次系の伝達関数を式 (7.9) に示す。

$$H(z) = k\frac{b_0 + b_1 z^{-1}}{1 + a_1 z^{-1}} \tag{7.9}$$

式 (7.9) に関する 1D 構造による実装を図 **7.7** に示す。なお，ここでは，$x(k)$

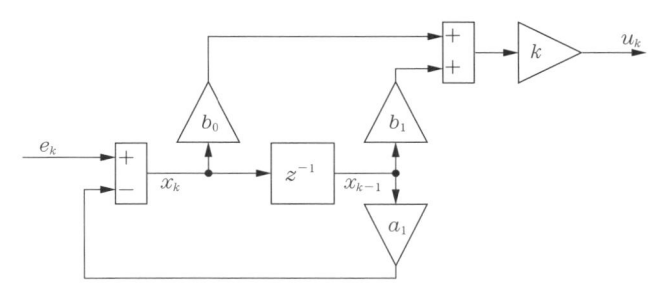

図 **7.7** 一次系の 1D 構造による実装

を $x_k$ と略記する。

図 **7.7** より，差分方程式は
$$\left.\begin{aligned} x_k &= e_k - a_1 x_{k-1} \\ u'_k &= b_0 x_k + b_1 x_{k-1} \\ u_k &= k\, u'_k \\ x_{k-1} &= x_k \end{aligned}\right\} \qquad (7.10)$$
のようになる。

### 7.3.2 二次系の実装

二次系の伝達関数を式 (7.11) に示す。
$$H(z) = k\frac{b_0 + b_1 z^{-1} + b_2 z^{-2}}{1 + a_1 z^{-1} + a_2 z^{-2}} \qquad (7.11)$$
式 (7.11) に関する 1D 構造による実装を図 **7.8** に示す。

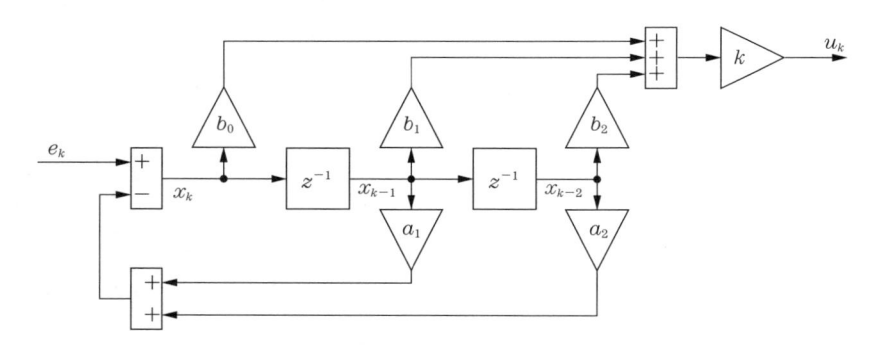

**図 7.8** 二次系の 1D 構造による実装

図 **7.8** より差分方程式は
$$\left.\begin{aligned} x_k &= e_k - a_1 x_{k-1} - a_2 x_{k-2} \\ u'_k &= b_0 x_k + b_1 x_{k-1} + b_2 x_{k-2} \\ u_k &= k\, u'_k \\ x_{k-2} &= x_{k-1} \\ x_{k-1} &= x_k \end{aligned}\right\} \qquad (7.12)$$

のようになる。

### 7.3.3 固定小数点演算による実装

マイクロコンピュータでは，**固定小数点演算**（fixed-point arithmetic）を基本とするものが多い。そこで，固定小数点演算を実行するため，つぎに述べるような指針に従い，制御アルゴリズムの係数，内部変数を整数に変換する必要がある。

〔1〕**数 の 表 現**　式 (7.13) に示すように，任意の数は ±1 の範囲の数 $m$ に 2 の累乗で表現された係数 $Q_b$ が乗じられていると考える。

$$x = m \times Q_b, \quad 0.5 \leqq |m| < 1, \quad Q_b = 2^b \tag{7.13}$$

例えば，小数の 5.0 は $0.625 \times 2^3$ に変換される。

プログラムでは，この 0.625 の部分のみが整数として表現される。$2^3$ の部分である $Q_b$ はあとの演算で不要となる場合や，プログラムに表現されない場合もある。

〔2〕**乗　　算**　±1 の範囲内の数の積は ±1 の範囲に収まることを利用する。このため，乗算では**オーバフロー**は発生しない。しかし，例えば，2 の補数で表現された語長が 16 bit の数どうしの積は，31 bit になる。後続する演算のためには語長を 16 bit に短縮する必要があり，このときに打切り誤差が生じる。

〔3〕**加 減 算**　係数 $Q_b$ が等しい場合，小数点の位置が同一になり，直接，演算することが可能で，オーバフローが発生しないかぎり，演算誤差は生じない。

## 演 習 問 題

【1】 式 (5.41) に示すコントローラを 1D 構造の差分方程式に変換せよ。

【2】 例題 5.3 に関して Simulink を用いてコントローラを一次系のブロック線図として構成し，ステップ応答を求めよ。

【3】 式 (5.66) に示すコントローラを 1D 構造の差分方程式に変換せよ。

【4】 例題 **5.6** に関して Simulink を用いてコントローラを二次系のブロック線図として構成し，ステップ応答を求めよ。

【5】 例題 **5.7** に関して Simulink を用いて PID コントローラの各項をそれぞれブロック線図として構成し，ステップ応答および加速度入力に関する応答を求めよ。

# 引用・参考文献

## *1 章*

1) 雨宮好文，高木章二：図解メカトロニクス入門シリーズ　ディジタル制御入門，オーム社 (1986)
2) 米山寿一：図解 A/D コンバータ入門，オーム社 (1983)
3) 雨宮好文，高木章二：トランジスタ技術 SPECIAL No.16 A-D/D-A 変換回路技術のすべて，CQ 出版社 (1986)
4) 明石　一，今井弘之：詳解 制御工学演習，共立出版 (1981)
5) 辻井重男，久保田　一：ディジタル信号処理，オーム社 (1986)
6) 川喜多俊秀，吉田正廣：ディジタル技術者のための基礎数学入門，オーム社 (1992)
7) 玉井徳迪：ディジタル信号処理技術，日経 BP 社 (1988)

## *2 章*

1) http://www.mathworks.com/ （2005 年 9 月現在）
2) http://www.cybernet.co.jp/products/matlab/ （2005 年 9 月現在）
3) http://www.engin.umich.edu/group/ctm/basic/basic.html （2005 年 9 月現在）
4) http://www.geocities.jp/rui_hirokawa/scilab/ （2005 年 9 月現在）
5) http://www.scilab.org/ （2005 年 9 月現在）
6) http://www.octave.org/ （2005 年 9 月現在）
7) http://www.matx.org/ （2005 年 9 月現在）
8) 下西二郎，奥平鎮正：電気・電子系教科書シリーズ　制御工学，コロナ社 (2001)
9) Katsuhiko Ogata：Solving Control Engineering Problems with MATLAB, Prentice-Hall (1994)

## 3章

1) 雨宮好文，高木章二：図解メカトロニクス入門シリーズ ディジタル制御入門，オーム社 (1986)
2) 明石 一，今井弘之：詳解 制御工学演習，共立出版 (1981)
3) 辻井重男，久保田 一：ディジタル信号処理，オーム社 (1986)
4) 川喜多俊秀，吉田正廣：ディジタル技術者のための基礎数学入門，オーム社 (1992)
5) 玉井徳迪：ディジタル信号処理技術，日経 BP 社 (1988)

## 4章

1) 中溝高好，田村捷利，山根裕三，申 鉄龍：ディジタル制御の講義と演習，日新出版 (1997)
2) 西村正太郎編，北村新三，武川 公，松永公廣：制御工学，森北出版 (2000)
3) Katsuhiko Ogata：Solving Control Engineering Problems with MATLAB, Prentice-Hall (1994)

## 5章

1) 中溝高好，田村捷利，山根裕三，申 鉄龍：ディジタル制御の講義と演習，日新出版 (1997)
2) 西村正太郎編，北村新三，武川 公，松永公廣：制御工学，森北出版 (2000)
3) Katsuhiko Ogata：Solving Control Engineering Problems with MATLAB, Prentice-Hall (1994)
4) Hadi Saadat：Computational Aids in Control Systems Using MATLAB, McGraw-Hill (1993)

## 6章

1) 加藤寛一郎：最適制御入門，東京大学出版会 (1987)
2) Chi-Tsong Chen：Analog and Digital Control System Design：Transfer-function, State-Space, and Algebraic Methods, Saunders College Publishing (1993)
3) Constantine H. Houpis and Garay B. Lamont：Digital Control Systems Theory, Hardware, Software, McGRAW-HILL, Inc. (1992)

4) 白石昌武：入門現代制御理論, 哲学出版 (1987)
5) 木村英紀：ディジタル信号処理と制御, 昭晃堂 (1982)
6) 古田勝久：ディジタル制御と制御理論, コンピュートロール, No.2, pp.16-25, コロナ社 (1983)
7) 西村敏充：ディジタル制御におけるカルマン・フィルタ, コンピュートロール, No.2, pp.26-33, コロナ社 (1983)
8) Gene H. Hostetter, Clement J. Savant, Jr. and Raymond T. Stefani: Design of Feedback Control Systems, Holt-Saunders International Editions. (1982)

## 7章

1) 中溝高好, 田村捷利, 山根裕三, 申 鉄龍：ディジタル制御の講義と演習, 日新出版 (1997)
2) 西村正太郎編, 北村新三, 武川 公, 松永公廣：制御工学, 森北出版 (2000)
3) Katsuhiko Ogata: Solving Control Engineering Problems with MATLAB, Prentice-Hall (1994)
4) Hadi Saadat: Computational Aids in Control Systems Using MATLAB, McGraw-Hill (1993)
5) C.L. Phillips and H.T. Nagle: Digital Control System Analysis and Design, 3rd Ed., Prentice-Hall (1995)

# 演習問題解答

## 1章

**【1】** 例：室温が高く，適温をイメージする（目標値の設定）。窓を半分開ける（制御動作の開始）。しばらくしても涼しくならない（目標値と測定値の比較）。窓をあとどのくらい開ければよいのかの判断（調節）。窓を全開にする（操作）。

**【2】** シーケンス制御ではリミットスイッチなどのセンサからの ON/OFF 信号，モータへの起動，停止のための ON/OFF 信号など制御系で扱う信号がすべて 2 値の制御系である。一方，信号処理制御では，モータの回転角を測定するエンコーダからの信号やモータへの指令電圧など 2 値に限らず種々のレベルの信号を扱う。

**【3】** 定置制御では室温の制御など制御対象への目標値が一定である。一方，追従制御では，ロボットの関節角など目標値が時間とともに変化する。

## 3章

**【1】** $1/4095 = 2.442 \times 10^{-4}$

**【2】** $1/(100 \times 10^3 \times 2 \times 3) = 1.67 \times 10^{-6}$ 〔s〕

**【3】** ディジタルコンピュータでは，論理演算や数値を取り扱うため，ディジタルフィルタを差分方程式で記述するのが適当である。

**【4】** A–D 変換時において，サンプリング周波数の 2 倍以上の周波数が信号に含まれるとエリアシングが発生する。そこで，サンプリングする直前にアナログフィルタを挿入し，サンプリング周波数の 2 倍以上の周波数を低減，除去する。

**【5】** $\dfrac{z^{-1}(1+z^{-1})}{(1-z^{-1})^3}$

**【6】** $\dfrac{z}{z-2}$

**【7】** $e^{1/z}$

**【8】** $\displaystyle\sum_{n=0}^{\infty}\{(-1)^{n+1}+(-2)^n(1-n)\}\delta(t-nT)$

# 演習問題解答

## 4 章
【1】 図 **4.1** および図 **4.2** 参照
【2】 図 **4.4** および図 **4.5** 参照
【3】 図 **4.6** 参照
【4】 図 **4.8**, 図 **4.9**, 図 **4.10**, 図 **4.11** 参照
【5】 図 **4.12**, 図 **4.13**, 図 **4.14**, 図 **4.15** 参照

## 5 章
【1】 図 **5.6** 参照
【2】 図 **5.11** 参照
【3】 図 **5.14**, 図 **5.15** 参照
【4】 図 **5.17**, 図 **5.18**, 図 **5.19** 参照
【5】 図 **5.22** 参照
【6】 図 **5.25** 参照
【7】 図 **5.29** 参照

## 6 章
【1】 $y(0) = -1, \quad y(1) = 3, \quad y(2) = -9$

【2】（1）
$$A = \begin{bmatrix} 2.5 & -2.040 & 0.54 \\ 1 & 0 & 0 \\ 0 & 1 & 0 \end{bmatrix} \quad B = \begin{bmatrix} 1 \\ 0 \\ 0 \end{bmatrix} \quad C = \begin{bmatrix} 2 & -1.6 & -0.2 \end{bmatrix}$$

（2）
$$A = \begin{bmatrix} -0.5 & -0.25 & -0.75 \\ 1 & 0 & 0 \\ 0 & 1 & 0 \end{bmatrix} \quad B = \begin{bmatrix} 1 \\ 0 \\ 0 \end{bmatrix} \quad C = \begin{bmatrix} 3 & -2 & 8 \end{bmatrix}$$

（3）
$$A = \begin{bmatrix} -2 & -2 \\ 1 & 0 \end{bmatrix} \quad B = \begin{bmatrix} 1 \\ 0 \end{bmatrix} \quad C = \begin{bmatrix} 0 & 10 \end{bmatrix}$$

【3】 可制御かつ可観測
【4】 $K = \begin{bmatrix} 0.225\,7 & 0.283\,3 & -1.216\,7 \end{bmatrix}$

## 7章

【1】
$$x_k = e_k + 0.781\,1 x_{k-1}$$
$$u'_k = 5.045\,4 x_k - 4.826\,5 x_{k-1}$$
$$u_k = 100 u'_k$$
$$x_{k-1} = x_k$$

【2】 図 *5.14*, 図 *5.15* 参照

【3】
$$x_k = e_k + 1.873\,9 x_{k-1} - 0.874\,1 x_{k-2}$$
$$u'_k = 0.951\,6 x_k - 1.873\,9 x_{k-1} + 0.922\,5 x_{k-2}$$
$$u_k = 100 u'_k$$
$$x_{k-2} = x_{k-1}$$
$$x_{k-1} = x_k$$

【4】 図 *5.25* 参照

【5】 図 *5.29*, 図 *5.30* 参照

# 索　引

## 【あ】

アクイジション時間　19
アパーチャ時間　17,19
アンチエリアシング
　フィルタ　45
安定行列　148
安定性　148

## 【い】

行過ぎ時間　98
行過ぎ量　98
位相交点周波数　99
一次系　75
一次システム　137
一巡伝達関数　96
位置偏差定数　97
インターロック　10
インパルス応答　53,56,75

## 【う】

ウィーナーフィルタ　164

## 【え】

エリアシング　44

## 【お】

オブザーバ　156
折返し雑音　44
温度制御システム　3

## 【か】

外　乱　96
可観測　146
可観測行列　146
可観測性　146

可観測標準形　144
加算器　66
可制御　145
可制御行列　146
可制御性　145
可制御標準形　143
過渡特性　96
カルマンフィルタ　164,165
カルマンフィルタゲイン
　　165
間　隔　42
観　測　146
観測方程式　137

## 【き】

帰　還　20
逆応答　77
逆$z$変換　51,56,63
逆$w$オペレータ　110
共分散　164
極　75,148
極配置問題　152

## 【け】

ゲイン交点周波数　99
検　出　3
現代制御理論　133
厳密にプロパー　144

## 【こ】

後進差分法　84
誤差共分散行列　165
固定小数点演算　179
古典制御理論　133
固有値　148
根軌跡　100

コントローラ　1

## 【さ】

サーボ機構　21
最小次元オブザーバ　157
最小実現　144,147
最小分解能　18,47
最小分散制御　164
最適推定問題　166
最適制御問題　166
最適レギュレータ　155
左半平面　89,99
差分方程式　56
サンプラ　41,94
サンプリング　17,41
サンプリング関数　46
サンプリング周期　42
サンプリング周波数　42,79
サンプリング定理　44
サンプル&ホールド回路　17

## 【し】

シーケンス回路　10
シーケンス制御　10
時間関数　51
時間領域　52
次数削減オブザーバ　157
システム　15
システム行列　138
持続振動　148
実現問題　143,171
出力行列　138
出力ベクトル　138
出力方程式　137
時定数　76
自動制御　1

| | | |
|---|---|---|
| **【し】** | | |
| 周波数応答関数 | 50 | |
| 周波数関数 | 52 | |
| 周波数スペクトル | 53 | |
| 周波数領域 | 52 | |
| 乗算器 | 66 | |
| 状　態 | 134 | |
| 状態観測器 | 156 | |
| 状態空間 | 137 | |
| 状態空間モデル | 137 | |
| 状態フィードバック | 151 | |
| 状態フィードバック システム | 152 | |
| 状態ベクトル | 138 | |
| 状態変数 | 132 | |
| 状態方程式 | 134,135,137 | |
| 信号処理型のディジタル 制御 | 14 | |
| 信号処理制御 | 14 | |
| **【す】** | | |
| 推移則 | 81 | |
| ステップ応答 | 75 | |
| ステップ関数 | 93 | |
| **【せ】** | | |
| 制御対象 | 3 | |
| 制御対象要素 | 15 | |
| 制　御 | 1 | |
| 制御基本要素 | 4 | |
| 制御ブロック線図 | 4 | |
| 制御行列 | 138 | |
| 制御システム | 1 | |
| 制御装置 | 1 | |
| 制御ベクトル | 138 | |
| 制御量 | 1 | |
| 整定時間 | 98 | |
| 設定値 | 3 | |
| 漸近安定性 | 148 | |
| センサ | 3 | |
| 前進差分法 | 84 | |
| **【そ】** | | |
| 双一次変換 | 89 | |

| | | |
|---|---|---|
| 双一次変換法 | 85 | |
| 操　作 | 1 | |
| 操作量 | 1 | |
| **【た】** | | |
| 大域的漸近安定性 | 149 | |
| ダイレクト構造 | 172 | |
| 立上り時間 | 98 | |
| 多変数制御 | 133 | |
| 単位インパルス列 | 41 | |
| 単位円 | 85,99 | |
| **【ち】** | | |
| 遅延器 | 66 | |
| 調　節 | 1 | |
| **【つ】** | | |
| 追従制御 | 20 | |
| **【て】** | | |
| 定常カルマンフィルタ | 166 | |
| 定常速度偏差定数 | 97 | |
| 定常特性 | 96 | |
| 定置制御 | 20 | |
| デルタ関数 | 41,92 | |
| 伝達関数 | 132 | |
| 伝達関数行列 | 141 | |
| 伝達行列 | 140 | |
| **【と】** | | |
| 等価変換 | 6 | |
| 特性方程式 | 74,148 | |
| **【な】** | | |
| ナイキスト周波数 | 44 | |
| **【ね】** | | |
| ネガティブフィード バック | 20 | |
| **【は】** | | |
| 白色ガウス雑音 | 164 | |
| 発　散 | 148 | |

| | | |
|---|---|---|
| パルス伝達関数 | 49,50 | |
| バンド幅 | 79 | |
| **【ひ】** | | |
| 標本化 | 17,41 | |
| **【ふ】** | | |
| フィードバック | 20 | |
| フィードバック 係数ベクトル | 151 | |
| フィードバック結合 | 5 | |
| フィードバック制御 | 6 | |
| ブール代数 | 10 | |
| 不可観測 | 147 | |
| 不可制御 | 147 | |
| 負帰還 | 20 | |
| 部分分数展開法 | 63 | |
| ブラックボックス | 48,133 | |
| プラント | 15 | |
| プログラマブル コントローラ | 12 | |
| プログラマブル シーケンサ | 12 | |
| プログラマブルロジック コントローラ | 12 | |
| **【へ】** | | |
| べき級数展開法 | 63 | |
| 偏　差 | 96 | |
| **【ほ】** | | |
| ボード線図 | 99 | |
| **【む】** | | |
| むだ時間 | 98 | |
| **【も】** | | |
| 目標値 | 1,3,96 | |
| モデル化 | 135 | |
| **【ら】** | | |
| ラプラス変換 | 92 | |
| ランプ応答 | 75 | |

索　引　189

## 【り】

リアプノフの安定理論　149
リアプノフ方程式　150
離散時間制御システム　48

量子化　46
量子化誤差　48

## 【れ】

零次ホールド　94,108

零　点　75,76,111
レギュレータ　152
連続時間系　74
連続プロセス制御　14

---

## 【A】

A–D 変換器　15

## 【C】

command window　25
control system tool box　24
conv　31

## 【D】

D–A 変換器　16
DC ゲイン　75
deconv　31

## 【E】

eig　29

## 【F】

FSR　47

## 【H】

help　26

## 【I】

inv　29

## 【J】

Jury　87

## 【L】

LSB　47

## 【M】

M–ファイル　33
MATLAB　24
MATX　25

## 【N】

$n$ 次元オブザーバ　157
$n$ 次元状態空間モデル　137

## 【O】

OCTAVE　25

## 【P】

PID　126
plot　31
poly　30
polyval　31

## 【R】

roots　30,86

## 【S】

$s$ 平面　99
$s$ 領域　92
SCICOS　25
SCILAB　25
S/H 回路　17
Simulink　24,34

## 【T】

toolbox　24

## 【W】

$w$ オペレータ　110
$w$ 変換　110
who　26
$w$–plane　89

## 【Z】

$z$ 関数　55
$z$ 平面　85,99
$z$ 変換　50,51

## 【数字】

1D　173
2D　173
3D　174
4D　174

―― 著者略歴 ――

**青木　立**（あおき　たつ）
- 1983年　早稲田大学理工学部機械工学科卒業
- 1985年　早稲田大学大学院理工学研究科博士課程（前期）修了（機械工学専攻）
- 1985年　(株)日立製作所 機械研究所勤務
  ～89年
- 1989年　東京都立工業高等専門学校 電気工学科助手
- 1994年　東京都立工業高等専門学校 電気工学科助教授
- 1997年　東京都立大学大学院工学研究科博士課程修了（機械工学専攻），博士（工学）
- 2006年　東京都立産業技術高等専門学校 ものづくり工学科助教授
- 2007年　東京都立産業技術高等専門学校 ものづくり工学科准教授
- 2013年　東京都立産業技術高等専門学校 ものづくり工学科教授（電気電子工学コース）現在に至る

**西堀　俊幸**（にしぼり　としゆき）
- 1987年　法政大学工学部電気工学科卒業
- 1987年　石川島播磨重工業(株)勤務
  ～92年
- 1992年　上智大学大学院理工学研究科修士課程修了（電気電子工学専攻）
- 1995年　上智大学大学院理工学研究科博士課程修了（電気電子工学専攻），博士（工学）
- 1995年　東京都立航空工業高等専門学校講師，
  ～98年　文部省宇宙科学研究所 共同研究員
- 1998年　宇宙開発事業団 副主任開発部員
- 2005年　宇宙航空研究開発機構(旧宇宙開発事業団) 主任開発員
- 2012年　宇宙航空研究開発機構宇宙科学研究所 主幹開発員（テクノロジスト）
- 2015年　宇宙航空研究開発機構 研究開発部門 センサ研究グループ 主幹研究員（アソシエイトフェロー）現在に至る

# ディジタル制御
Digital Control　　　　　　　　　　　　　　© Tatsu Aoki, Toshiyuki Nishibori 2005

2005 年 12 月 2 日　初版第 1 刷発行
2021 年 11 月 25 日　初版第 6 刷発行

|  |  |
|---|---|
| 検印省略 | 著　者　青　木　　　立 |
|  | 　　　　西　堀　俊　幸 |
|  | 発行者　株式会社　コロナ社 |
|  | 　　　　代表者　牛来真也 |
|  | 印刷所　三美印刷株式会社 |
|  | 製本所　有限会社　愛千製本所 |

112-0011　東京都文京区千石 4-46-10
発行所　株式会社　コロナ社
CORONA PUBLISHING CO., LTD.
Tokyo Japan
振替 00140-8-14844・電話(03)3941-3131(代)
ホームページ　https://www.coronasha.co.jp

ISBN 978-4-339-01187-6　C3355　Printed in Japan　　　　　　　（新井）

〈出版者著作権管理機構 委託出版物〉
本書の無断複製は著作権法上での例外を除き禁じられています。複製される場合は，そのつど事前に，出版者著作権管理機構（電話 03-5244-5088，FAX 03-5244-5089，e-mail: info@jcopy.or.jp）の許諾を得てください。

本書のコピー，スキャン，デジタル化等の無断複製・転載は著作権法上での例外を除き禁じられています。購入者以外の第三者による本書の電子データ化及び電子書籍化は，いかなる場合も認めていません。
落丁・乱丁はお取替えいたします。

# ロボティクスシリーズ

(各巻A5判，欠番は品切です)

- ■編集委員長　有本　卓
- ■幹　　　事　川村貞夫
- ■編集委員　石井　明・手嶋教之・渡部　透

| 配本順 | | | 頁 | 本体 |
|---|---|---|---|---|
| 1. (5回) | ロボティクス概論 | 有本　卓編著 | 176 | 2300円 |
| 2. (13回) | 電気電子回路 ―アナログ・ディジタル回路― | 杉田　進<br>山中克彦<br>小西　聡 共著 | 192 | 2400円 |
| 3. (17回) | メカトロニクス計測の基礎 (改訂版) ―新SI対応― | 石井　明<br>木股雅章<br>金子　透 共著 | 160 | 2200円 |
| 4. (6回) | 信号処理論 | 牧川方昭著 | 142 | 1900円 |
| 5. (11回) | 応用センサ工学 | 川村貞夫編著 | 150 | 2000円 |
| 6. (4回) | 知能科学 ―ロボットの"知"と"巧みさ"― | 有本　卓著 | 200 | 2500円 |
| 7. (18回) | モデリングと制御 | 平井慎一<br>坪内孝司<br>秋下貞夫 共著 | 214 | 2900円 |
| 8. (14回) | ロボット機構学 | 永井　清<br>土橋宏規 共著 | 140 | 1900円 |
| 9. | ロボット制御システム | 野田哲男編著 | | |
| 10. (15回) | ロボットと解析力学 | 有本　卓<br>田原健二 共著 | 204 | 2700円 |
| 11. (1回) | オートメーション工学 | 渡部　透著 | 184 | 2300円 |
| 12. (9回) | 基礎　福祉工学 | 手嶋教之<br>米本川良佐<br>相川孝訓<br>相良清<br>糟朗紀 共著 | 176 | 2300円 |
| 13. (3回) | 制御用アクチュエータの基礎 | 川村貞夫<br>野方誠<br>田所諭<br>早川恭弘<br>松浦裕 共著 | 144 | 1900円 |
| 15. (7回) | マシンビジョン | 石井　明<br>斉藤文彦 共著 | 160 | 2000円 |
| 16. (10回) | 感覚生理工学 | 飯田健夫著 | 158 | 2400円 |
| 17. (8回) | 運動のバイオメカニクス ―運動メカニズムのハードウェアとソフトウェア― | 牧川方昭<br>吉田正樹 共著 | 206 | 2700円 |
| 18. (16回) | 身体運動とロボティクス | 川村貞夫編著 | 144 | 2200円 |

定価は本体価格＋税です。
定価は変更されることがありますのでご了承下さい。

◆図書目録進呈◆

# メカトロニクス教科書シリーズ

(各巻A5判，欠番は品切です)

■編集委員長　安田仁彦
■編集委員　末松良一・妹尾允史・高木章二
　　　　　　藤本英雄・武藤高義

| 配本順 | | | | 頁 | 本体 |
|---|---|---|---|---|---|
| 1. | (18回) | 新版 メカトロニクスのための**電子回路基礎** | 西堀賢司著 | 220 | 3000円 |
| 2. | (3回) | メカトロニクスのための**制御工学** | 高木章二著 | 252 | 3000円 |
| 3. | (13回) | **アクチュエータの駆動と制御（増補）** | 武藤高義著 | 200 | 2400円 |
| 4. | (2回) | **センシング工学** | 新美智秀著 | 180 | 2200円 |
| 6. | (5回) | **コンピュータ統合生産システム** | 藤本英雄著 | 228 | 2800円 |
| 7. | (16回) | **材料デバイス工学** | 妹尾允史・伊藤智徳共著 | 196 | 2800円 |
| 8. | (6回) | **ロボット工学** | 遠山茂樹著 | 168 | 2400円 |
| 9. | (17回) | **画像処理工学（改訂版）** | 末松良一・山田宏尚共著 | 238 | 3000円 |
| 10. | (9回) | **超精密加工学** | 丸井悦男著 | 230 | 3000円 |
| 11. | (8回) | **計測と信号処理** | 鳥居孝夫著 | 186 | 2300円 |
| 13. | (14回) | **光工学** | 羽根一博著 | 218 | 2900円 |
| 14. | (10回) | **動的システム論** | 鈴木正之他著 | 208 | 2700円 |
| 15. | (15回) | メカトロニクスのための**トライボロジー入門** | 田中勝之・川久保洋二共著 | 240 | 3000円 |

定価は本体価格+税です。
定価は変更されることがありますのでご了承下さい。

図書目録進呈◆

# システム制御工学シリーズ

(各巻A5判，欠番は品切です)

■編集委員長　池田雅夫
■編　集　委　員　足立修一・梶原宏之・杉江俊治・藤田政之

| 配本順 | | 書名 | 著者 | 頁 | 本体 |
|---|---|---|---|---|---|
| 2. | (1回) | 信号とダイナミカルシステム | 足立修一 著 | 216 | 2800円 |
| 3. | (3回) | フィードバック制御入門 | 杉江俊治・藤田政之 共著 | 236 | 3000円 |
| 4. | (6回) | 線形システム制御入門 | 梶原宏之 著 | 200 | 2500円 |
| 6. | (17回) | システム制御工学演習 | 杉江俊治・梶原宏之 共著 | 272 | 3400円 |
| 8. | (23回) | システム制御のための数学 (2) ―関数解析編― | 太田快人 著 | 288 | 3900円 |
| 9. | (12回) | 多変数システム制御 | 池田雅夫・藤崎泰正 共著 | 188 | 2400円 |
| 10. | (22回) | 適応制御 | 宮里義彦 著 | 248 | 3400円 |
| 11. | (21回) | 実践ロバスト制御 | 平田光男 著 | 228 | 3100円 |
| 12. | (8回) | システム制御のための安定論 | 井村順一 著 | 250 | 3200円 |
| 13. | (5回) | スペースクラフトの制御 | 木田隆 著 | 192 | 2400円 |
| 14. | (9回) | プロセス制御システム | 大嶋正裕 著 | 206 | 2600円 |
| 15. | (10回) | 状態推定の理論 | 内田健一・山中康雄 共著 | 176 | 2200円 |
| 16. | (11回) | むだ時間・分布定数系の制御 | 阿部直人・児島晃 共著 | 204 | 2600円 |
| 17. | (13回) | システム動力学と振動制御 | 野波健蔵 著 | 208 | 2800円 |
| 18. | (14回) | 非線形最適制御入門 | 大塚敏之 著 | 232 | 3000円 |
| 19. | (15回) | 線形システム解析 | 汐月哲夫 著 | 240 | 3000円 |
| 20. | (16回) | ハイブリッドシステムの制御 | 井村順一・東俊一・増淵泉 共著 | 238 | 3000円 |
| 21. | (18回) | システム制御のための最適化理論 | 延山沢瀬英部昇 共著 | 272 | 3400円 |
| 22. | (19回) | マルチエージェントシステムの制御 | 東俊一・永原正章 編著 | 232 | 3000円 |
| 23. | (20回) | 行列不等式アプローチによる制御系設計 | 小原敦美 著 | 264 | 3500円 |

定価は本体価格+税です。
定価は変更されることがありますのでご了承下さい。

# 計測・制御テクノロジーシリーズ

(各巻A5判,欠番は品切または未発行です)

■計測自動制御学会 編

| | 配本順 | | 著者 | 頁 | 本体 |
|---|---|---|---|---|---|
| 1. | (18回) | 計測技術の基礎（改訂版）―新SI対応― | 山﨑弘郎・田中充 共著 | 250 | 3600円 |
| 2. | (8回) | センシングのための情報と数理 | 出口光一郎・本多敏 共著 | 172 | 2400円 |
| 3. | (11回) | センサの基本と実用回路 | 中沢信明・松井利・山田功 共著 | 192 | 2800円 |
| 4. | (17回) | 計測のための統計 | 寺本顕武・椿広計 共著 | 288 | 3900円 |
| 5. | (5回) | 産業応用計測技術 | 黒森健一他著 | 216 | 2900円 |
| 6. | (16回) | 量子力学的手法によるシステムと制御 | 伊丹・松井・乾・全 共著 | 256 | 3400円 |
| 7. | (13回) | フィードバック制御 | 荒木光彦・細江繁幸 共著 | 200 | 2800円 |
| 9. | (15回) | システム同定 | 和田田中・奥大松 共著 | 264 | 3600円 |
| 11. | (4回) | プロセス制御 | 高津春雄 編著 | 232 | 3200円 |
| 13. | (6回) | ビークル | 金井喜美雄他著 | 230 | 3200円 |
| 15. | (7回) | 信号処理入門 | 小浜田秀文・畑村望安孝 共著 | 250 | 3400円 |
| 16. | (12回) | 知識基盤社会のための人工知能入門 | 國中藤田進久・羽山豊徹彩 共著 | 238 | 3000円 |
| 17. | (2回) | システム工学 | 中森義輝 著 | 238 | 3200円 |
| 19. | (3回) | システム制御のための数学 | 田村捷利・武藤康彦・笹川徹史 共著 | 220 | 3000円 |
| 21. | (14回) | 生体システム工学の基礎 | 福内岡山孝憲・野村泰伸 共著 | 252 | 3200円 |

定価は本体価格+税です。
定価は変更されることがありますのでご了承下さい。

◆図書目録進呈◆

# 計測・制御セレクションシリーズ

■計測自動制御学会 編

（各巻A5判）

計測自動制御学会（SICE）が扱う，計測，制御，システム・情報，システムインテグレーション，ライフエンジニアリングといった分野は，もともと分野横断的な性格を備えていることから，SICEが社会において果たすべき役割がより一層重要なものとなってきている。めまぐるしく技術動向が変化する時代に活躍する技術者・研究者・学生の助けとなる書籍を，SICEならではの視点からタイムリーに提供することをシリーズの方針とした。
SICEが執筆者の公募を行い，会誌出版委員会での選考を経て収録テーマを決定することとした。また，公募と並行して，会誌出版委員会によるテーマ選定や，学会誌「計測と制御」での特集から本シリーズの方針に合うテーマを選定するなどして，収録テーマを決定している。テーマの選定に当たっては，SICEが今の時代に出版する書籍としてふさわしいものかどうかを念頭に置きながら進めている。このようなシリーズの企画・編集プロセスを鑑みて，本シリーズの名称を「計測・制御セレクションシリーズ」とした。

| 配本順 | | | 頁 | 本体 |
|---|---|---|---|---|
| 1.（1回） | 次世代医療AI ―生体信号を介した人とAIの融合― | 藤原幸一編著 | 272 | 3800円 |
| 2.（2回） | 外乱オブザーバ | 島田　明著 | 284 | 4000円 |
| 3.（3回） | 量の理論とアナロジー | 久保和良著 | 284 | 4000円 |
| | センサ技術の基礎と応用 | 次世代センサ協議会編 | | |
| | システム制御理論による電力系統の解析と制御 | 石崎孝幸／川口貴弘／河辺賢一 共著 | | |
| | 機械学習の可能性 | 浮田浩行／濱上知樹 編著 | | |

定価は本体価格＋税です。
定価は変更されることがありますのでご了承下さい。

図書目録進呈◆

# 電気・電子系教科書シリーズ

(各巻A5判)

- ■編集委員長　高橋　寛
- ■幹　　　事　湯田幸八
- ■編集委員　　江間　敏・竹下鉄夫・多田泰芳
- 　　　　　　　中澤達夫・西山明彦

| 配本順 | | | 頁 | 本体 |
|---|---|---|---|---|
| 1. | (16回) | 電気基礎　　　　　　　　　柴田尚志／皆藤新二 共著 | 252 | 3000円 |
| 2. | (14回) | 電磁気学　　　　　　　　　多田泰芳／柴田尚志 共著 | 304 | 3600円 |
| 3. | (21回) | 電気回路Ⅰ　　　　　　　　柴田尚志 著 | 248 | 3000円 |
| 4. | (3回) | 電気回路Ⅱ　　　　　　　　遠藤　勲／鈴木靖 共編著 | 208 | 2600円 |
| 5. | (29回) | 電気・電子計測工学(改訂版)<br>―新SI対応―　　　　　吉澤昌純／吉村和己／降矢典雄／福田　巳／高崎和之／西崎雄三郎 共著 | 222 | 2800円 |
| 6. | (8回) | 制御工学　　　　　　　　　下西二鎮／奥平　鎮 共著 | 216 | 2600円 |
| 7. | (18回) | ディジタル制御　　　　　　青木俊立幸 共著 | 202 | 2500円 |
| 8. | (25回) | ロボット工学　　　　　　　白水俊次 著 | 240 | 3000円 |
| 9. | (1回) | 電子工学基礎　　　　　　　中澤達夫／藤原勝幸 共著 | 174 | 2200円 |
| 10. | (6回) | 半導体工学　　　　　　　　渡辺英夫 著 | 160 | 2000円 |
| 11. | (15回) | 電気・電子材料　　　　　中澤・藤原／押田・服部 共著 | 208 | 2500円 |
| 12. | (13回) | 電子回路　　　　　　　　　森田健英／須田健二 共著 | 238 | 2800円 |
| 13. | (2回) | ディジタル回路　　　　　　土田　充／伊原充博／若海弘夫／吉室　純 共著 | 240 | 2800円 |
| 14. | (11回) | 情報リテラシー入門　　　　山下　進／賀戸　也／室　巌 共著 | 176 | 2200円 |
| 15. | (19回) | C++プログラミング入門　　湯田幸八 著 | 256 | 2800円 |
| 16. | (22回) | マイクロコンピュータ制御<br>プログラミング入門　　柚賀正光／千代谷慶 共著 | 244 | 3000円 |
| 17. | (17回) | 計算機システム(改訂版)　春日健／舘泉雄治 共著 | 240 | 2800円 |
| 18. | (10回) | アルゴリズムとデータ構造　湯田幸八／伊原充博 共著 | 252 | 3000円 |
| 19. | (7回) | 電気機器工学　　　　　　　前田　勉／新谷邦弘 共著 | 222 | 2700円 |
| 20. | (31回) | パワーエレクトロニクス(改訂版)　江間　敏／高橋　勲 共著 | 232 | 2600円 |
| 21. | (28回) | 電力工学(改訂版)　　　　　江間　敏／甲斐隆章 共著 | 296 | 3000円 |
| 22. | (30回) | 情報理論(改訂版)　　　　　三木成彦／吉川英機 共著 | 214 | 2600円 |
| 23. | (26回) | 通信工学　　　　　　　　　竹下鉄夫／吉川英夫 共著 | 198 | 2500円 |
| 24. | (24回) | 電波工学　　　　　　　　　松田　豊稔／宮田克正／南部幸久 共著 | 238 | 2800円 |
| 25. | (23回) | 情報通信システム(改訂版)　岡田裕／桑原裕史／松月唯史 共著 | 206 | 2500円 |
| 26. | (20回) | 高電圧工学　　　　　　　　植月唯夫／箕原孝充 共著 | 216 | 2800円 |

定価は本体価格+税です。
定価は変更されることがありますのでご了承下さい。

◆図書目録進呈◆